中央文明委重点工作项目

林草楷模

践行习近平生态文明思想先进事迹

最美生态护林员先进事迹

国家林业和草原局宣传中心 ⊙ 编

中国林業出版社
CFPH China Forestry Publishing House

图书在版编目(CIP)数据

林草楷模：践行习近平生态文明思想先进事迹：最美生态护林员先进事迹 / 国家林业与草原局主编. -- 北京：中国林业出版社,2021.7
ISBN 978-7-5219-1180-0

Ⅰ. ①林… Ⅱ. ①国… Ⅲ. ①森林保护－先进工作者－先进事迹－中国 Ⅳ. ①K826.3

中国版本图书馆CIP数据核字(2021)第093482号

中国林业出版社·林业分社
责任编辑：于界芬　于晓文

出版发行　中国林业出版社
（100009 北京西城区德内大街刘海胡同 7 号）
网　　址　http://www.forestry.gov.cn/lycb.html
电　　话　(010) 83143542
印　　刷　河北京平诚乾印刷有限公司
版　　次　2021 年 7 月第 1 版
印　　次　2021 年 7 月第 1 次
开　　本　720mm × 970mm　1/16
印　　张　9.25
字　　数　123 千字
定　　价　68.00 元

中央宣传部副部长蒋建国（左六）、国家林业和草原局局长关志鸥（左五）为最美生态护林员颁发证书

国家林业和草原局副局长彭有冬（右七）、国家乡村振兴局副局长夏更生（左七）、财政部自然资源和生态环境司司长夏先德（中）为最美生态护林员颁发证书

前言

你看到过一粒种子破土而出带给大地的震颤吗？

你感受过清风穿过林间又吻在脸上的温柔吗？

你听过一朵花在广袤的原野里呼喊同伴传递消息的声音吗？

有这样一群人，他们每天行走在这样的场景中，感受着自然生命的律动与寂静，也用满腔的热血和执着守护着美好的家园画卷。他们默默奉献，攻坚克难，开拓创新，他们心中都有一个共同的绿色之梦。这群人，就是林草人中的“林草守护者”，也是我们的楷模。

党的十八大以来，全国林草系统深入贯彻习近平生态文明思想，认真践行“绿水青山就是金山银山”理念，在追求“人与自然和谐”实践中，涌现了“林业英雄”孙建博、“全国劳模”郭万刚和陶凤交、“人民楷模”李保国等践行习近平生态文明思想先进典型和以山为家、以林为伴的最美生态护林员先进典型。他们的先进事迹鼓舞了林草建设者的干劲和士气，吸引了更多社会力量参与支持林草建设，推动了林草事业高质量发展。自 1950 年第一次全国林业业务会议召开，提出“护林者奖，毁林者罚”开始，“林草守护者”便登上了新中国自然守护历史的舞台。迄今为止已经 70 多年，现在的林草守护者既有用脚丈量山脉的大学教授，也有怀抱着朴素情怀的普通群众；既有耄耋老人，也有年轻的姑娘小伙儿。

一代又一代的林草守护者们从“一棵树一把草，压住黄沙防风掏”，到后来让“沙地变绿洲，荒原变林海”。在这一历程中，无论是老一辈人筚路蓝缕、爬冰卧雪、可歌可泣的艰辛，还是新一代人不忘初心、矢志不渝、绿色发展的传承，每一个人，每一个团体，每一个事迹，每一桩故事，都是生态文明建设的生动范例。心有期冀，行之所至，终得回响。逐年增长的森林覆盖率和家园百姓脱贫致富的步伐，是对林草人真挚信念最好的回应。

在守护生态中国的这些年，林草人付出了旁人无法想象的辛苦。这些工作既要披星戴月、顶风冒雪做工作；也要长途跋涉、披荆斩棘去巡视，更不用提田间地头、风餐露宿……支撑他们的是对生态家园的热爱与对未来美好的信心，也是大国国民的底气。他们是新时代的林草楷模，是亿万建设美丽祖国的代表和缩影。

基于此，国家林业和草原局组织编写了中央文明委重点工作项目《林草楷模——践行习近平生态文明思想先进事迹 最美生态护林员先进事迹》一书。书中共收录了12个践行习近平生态文明思想先进事迹和20个最美生态护林员先进事迹，体现了他们忠诚事业、艰苦创业、接续奋斗、久久为功的崇高精神。作为国家林业和草原局承担的中央文明委重点工作项目内容，本书的出版得到了相关单位的大力支持和帮助，在此一并表示感谢！

封山育林，植树造林，巡护守林，病害防治，苗木培育，脱贫摘帽……这些看似关联不大的词语，在“林草人”守着初心、挥洒汗水、不懈探索与追寻中，如今已经形成一个链索，实践着“既要绿水青山，又要金山银山”。

今天，我们应该记住这些林草楷模，传承他们的精神，凝聚奋进力量，为生态文明和美丽中国建设、实现中华民族伟大复兴作出贡献。

编　者

目录

践行习近平生态文明思想先进事迹

最美生态护林员先进事迹

4

林草楷模

践行习近平生态文明思想先进事迹

个人

孙建博

郭万刚

李保国

闫家河

陈永忠

张　月

集体

洋口林场杉木育种科研团队

海南陶凤交“绿色娘子军”

彰武固沙造林科研团队

云南“陆良八老”

陕西森工医院援鄂医疗队

大兴安岭航空护林局特勤突击队

S U N
J I A N
B O

孙建博

践行习近平生态文明思想先进个人

拄拐种树多磨难
敢教荒山变金山

——全国“林业英雄”孙建博国有林场改革发展先进事迹

山东原山国有林场 1957 年刚建场时，4 万亩“石头山”的森林覆盖率只有 2%。第一代林场人经过几十年的艰苦奋斗，让荒山绿了起来，森林覆盖率提高到现在的 94.4%。靠着这片“绿水青山”，一个负债 4000 多万元的“石头山”，变成了总资产 10 亿元，年收入过亿元的“金山银山”。让这座“石头山”绿起来变成“金山银山”的，就是全国“林业英雄”孙建博。

20 世纪 80 年代，原山林场被确定为“事改企”首批试点单位，只会种树看树的原山人不得不走出林场，走向市场“找饭吃”，但是因为经营不善，林场举步维艰。原山林场职工牛延平这样打趣道：“那个时候我们原山林场的职工，远看像要饭的，近看是拾破烂的，仔细一看才是原山林场的。”

与之相反的是，林场下属的外包陶瓷公司，生意却做得有声有色，职工收入也非常可观，而承包经营这家公司的，是一位一级肢体残疾人，他的名字叫孙建博。当时陶瓷做到什么程度，孙建博介绍说，买全国卖全国，1995 年就能卖到 3000 多万元。1996 年，有头脑、懂经营的孙建博被组织调派担任原山林场场长，临危受命接过了这个“烫手山芋”。

孙建博深知，“以林养林”是林场发展之本。他提出实行“三天办公、三天造林、一天休息”的“三三一”工作制。可是受限于地理环境、造林机制等因素，新种林木成活率始终不到 30%。孙建博就带头，分片到人，把工资拿出30%来作为激励，确保成活率达到90%。

扛起铁锹，在陡峭的山里种树，孙建博比普通人更加吃力。他3岁时因病致残，先后做过20多次手术，仅右腿就有500多个术后缝合的针脚。即便这样，他仍然拄着拐杖走遍了原山大大小小的每一座山头。

“怎么把这片生态林资源变成资产，就得发展林业产业，发展生态旅游。”守着绿水青山，孙建博带领林场人制定了新的发展蓝图。此后，山东省第一家森林乐园、第一家鸟语林、第一家民俗风情园、第一家大型山体滑草场相继在这里建成，生态旅游全面起势，“原山旅游”的品牌迅速打响。

如今的原山林场，在全国4855家国有林场中率先实现了山绿、场活、业兴、人富的目标，成为全国国有林场守护绿水青山、打造金山银山的一个缩影。

G U O
W A N
G A N G

郭万刚

践行习近平生态文明思想先进个人

8

子承父业四十年坚守 誓把“黄龙”变绿洲

——甘肃郭万刚腾格里沙漠南缘生态治理先进事迹

从20世纪初开始，腾格里沙漠南缘的甘肃省古浪县八步沙的沙丘每年以7.5米的速度向南移动，总面积达4万多亩。要么，眼睁睁看着沙漠吞家园、食农田；要么，植树治沙，迎着暴躁的黄沙闯出一条生路来！怎么办？在土门公社漪泉大队当主任的石满第一个站出来，和郭朝明、贺发林、罗元奎、程海、张润元5位年过半百的“六老汉”卷上铺盖、带着干粮，走向了“一棵树一把草，压住黄沙防风掏”的治沙之路。

不到30岁的郭万刚，那时已经在土门镇供销社上班，也被父亲郭朝明拽进了沙窝窝里。郭万刚回忆道，“那个时候，真是苦啊！”在沙地上挖个坑，上面用木棍支起来，盖点茅草，就成了“地窝铺”，有时半夜突刮大风，茅草被卷得七零八落，大家只好头顶被子，在冰冷的沙坑里挨到天亮。“起初，我很不理解。”有一年古浪发生特大沙尘暴，夺去了20人的生命，看着乡亲们悲痛的神情，郭万刚突然意识到，“爹是对的。只有把沙治住，才能把家守住！”

2000年，郭万刚正式接过场长的担子。作为八步沙林场第二代治沙带头人，郭万刚子承父志，一步一棵苗、一步一碗水，守得沙漠变绿洲。经过近20年的艰苦努力，他带领林场完成治沙造林6.4万亩，封沙育林11.4万亩，植树1000多万株，近10万亩农田得到保护。“沙漠不退人不退，草木不活人不走！”一干又是3年，完成了对八步沙林场管辖区最后2万亩沙漠的治理，荒漠终变绿洲。

如今，在沙漠干了近40年的郭万刚，不仅从父辈手中接过了沉甸

甸的树苗，也接过了一副“治沙治穷”的担子。他带领一帮人探索出“治沙先治窝，再治坡，后治梁”的新方法，应用“网格状双眉式”沙障结构，实行造林管护网格化管理，尝试打草方格、细水滴灌、地膜覆盖等新模式、新技术，逐步走上市场化治沙之路。2010 年，八步沙林场实现企业化转型，八步沙绿化公司成立，探索“以农促林、以副养林、农林并举、科学发展”的新路子。2018 年，八步沙林场按照“公司 + 基地 + 农户”模式，在黄花滩移民区流转 2500 多户贫困户的 1.25 万亩土地发展经济林，通过特色产业帮助贫困户脱贫致富。林场还成立了林下经济养殖合作社，养殖沙漠“溜达鸡”，年收入可达 20 万元。

从“沙进人退”到“绿进沙退”，从“死亡之海”到“经济绿洲”。近 40 年来，三代治沙人誓把“黄龙”变绿洲，用辛勤汗水谱写了一曲让沙漠披绿生金的时代壮歌，用实际行动诠释了绿水青山就是金山银山的理念，为美丽中国建设注入了“时代楷模”的实践力量。

L I

B A O

G U O

李保国

践行习近平生态文明思想先进个人

长期奋战在扶贫攻坚和科技创新第一线

——河北李保国山区生态建设和科技富民先进事迹

李保国，生前任河北农业大学教授、博士生导师，是知名经济林专家、山区治理专家。2016 年 4 月 10 日突发心脏病去世，年仅 58 岁。习近平总书记作出重要批示："李保国同志 35 年如一日，坚持全心全意为人民服务的宗旨，长期奋战在扶贫攻坚和科技创新第一线，把毕生精力投入到山区生态建设和科技富民事业之中，用自己的模范行动彰显了共产党员的优秀品格，事迹感人至深。李保国同志堪称新时期共产党人的楷模，知识分子的优秀代表，太行山上的新愚公。广大党员、干部和教育、科技工

作者要学习李保国同志心系群众、扎实苦干、奋发作为、无私奉献的高尚精神，自觉为人民服务、为人民造福，努力做出无愧于时代的业绩。”

2016 年 5 月，中央组织部追授李保国“全国优秀共产党员”称号。2018 年 12 月 18 日，党中央、国务院授予李保国“改革先锋”称号。2019 年 9 月 17 日，习近平签署主席令，授予李保国“人民楷模”国家荣誉称号。2019 年 9 月 25 日，中央宣传部等 9 部委授予李保国“最美奋斗者”荣誉称号。

1981 年，大学毕业后的李保国留校任教。35 年如一日，他把课堂搬到田间地头，把论文写在太行山上，带领乡亲们找寻生态脱贫致富的新路子。35 年，他先后取得研究成果 28 项；推广林业技术 36 项，技术推广面积 1826 万亩；培育了 16 个山区开发治理先进典型；打造了系列全国知名品牌；带动 10 万山区农民增收 58.5 亿元。

他心系群众、扎实苦干，始终奋战在科技兴农、扶贫攻坚和教书育人第一线。在邢台前南峪，为了解决太行山低山区土壤瘠薄、干旱缺水、造林成活率低、年年造林不见林的重大难题，1981—1996年，李保国与课题组的同事们一待就是15年。他们用理论和技术，在干旱山地种上苹果、板栗、核桃等高效经济林木，使穷山村成为太行山区最绿的地方。在内丘县岗底村1996年特大洪灾过后，李保国把家搬来了，常年吃住在村里，白天钻果园查看情况，晚上上山用黑光灯测报虫情，夜间分析研究解决方案，开发了苹果生产的128道工序，实现了优质无公害苹果生产的标准化，此项技术带动周边10个贫困村1000多户贫困户人均年增收2500元。在临城县凤凰岭，李保国创造了“一年栽树，两年结果，三年有产，五年丰产，亩产250公斤优质核桃，亩纯收益万元以上”的奇迹。在邢台县浆水，他培育出了“浆水”牌板栗和“浆水”牌苹果知名产品。在邢台南和，他建立了全国第一家红树莓组培中心。他将所学所创所研的新知识新技术，毫不保留地无私传授给千家万户，被群众亲切地称为“农民教授”和“太行财神”。

YAN JIA HE

闫家河

践行习近平生态文明思想先进个人

一生守护生态安全的“森林医生”

——山东闫家河林业有害生物监测防治研究先进事迹

闫家河自 1989 年在山东省商河县森林保护站参加工作，一直从事有害生物监测防治研究。31 年的森防生涯里，他始终秉持严谨求实的专业精神、认真负责的奉献精神、奋发有为的创新精神，用自己的专业认真践行习近平生态文明思想，用自己的青春和汗水守护了一方生态安全。

他是经验丰富的行家里手，是济南市第一个发现并报告美国白蛾虫情的技术人员，也是山东省内陆地区系统研究美国白蛾发生规律的第一人。在他带领下，商河县率先筹建济南市白蛾周氏啮小蜂天敌繁育中心，在济南地区广泛应用生物防治。他所负责的国家级中心测报点和重大林业有害生物监测预报为各级科学防控、制定决策提供了重要依据。他常年埋首森防学术研究，首次发现并发表林业昆虫 1 新属 17 新种，完成了 21 种新昆虫发生规律的首创性研究。

他是为民服务的践行者，曾是山东省第九次党代会代表、第十届山东省政协委员，针对林业生态和民生保障提出了很多提案。他扎根基层倾心做好规范化公共服务，首创防治病虫害群发短信服务，发挥科技特派员作用，推广应用科研成果和先进技术，将数十次培训班和技术讲座办在林间地头、贫困村贫困户的家门口。

他是爱岗敬业的劳动者，有着丰富基层实践经验和较高专业理论水平，先后荣获享受国务院特殊津贴专家、全国最美森林医生、第十届中国林业青年科技奖、山东省有突出贡献中青年专家、山东省优秀共产党员、山东省林业科技带头人、终身“济南专业技术拔尖人才”、济南市先进工作者、商河县“诚实守信”道德模范等荣誉。

很难想象，在商河这样一个树种并不丰富、森林覆盖率不足20%、生态环境相对简单的山东平原县，闫家河发现并发表林业昆虫1新属17新种、2中国新纪录属、5中国新纪录种、50多个山东新纪录种，同时完成了杨潜姬蜂等21种新昆虫发生规律的首创性研究和美国白蛾等10多个常见种类发生与防治的再研究。

“某种程度上我视虫情数据为生命”“凡事不做则已，做就做到最好”“以学术标准做好业务工作”“只有真正保护好区域生态环境安全，真正解决好群众关心的林木病虫害实际难题，我才能对得起‘啄木鸟’和‘森林医生’的光荣称号。”……这些是闫家河的人生信条也是工作原则。他全年很少休假，绝大部分精力都投入到监测、研究等工作中，提出的“害虫不管人们的周末和节假日，照常发育危害，不能中断监测”的观点被推广到全国森防系统。

CHEN YONG ZHONG

陈永忠

践行习近平生态文明思想先进个人

科技让油茶成为百姓的“幸福树”

——湖南陈永忠油茶科技扶贫先进事迹

陈永忠是党的十九大代表、湖南省林业科学院油茶首席专家，国家油茶工程技术研究中心主任。1985 年从中南林学院毕业后被分配到湖南省林业科学研究所（现湖南省林业科学院）从事油茶科研工作。他一心向党，始终坚定“为油茶科研事业而奋斗”的信念，把论文留在大地上，让油茶产业插上科技的翅膀，把科技留在农民家里，成为湖南油茶科技第一人。

油茶是我国特有木本油料作物，产出的茶油色清味香，是营养丰富的优质食用油，被誉为“油中之王”。然而，20 世纪老油茶林平均每亩产茶油仅 3~5 公斤，年产值才 200~300 元，林农的生产积极性很低。要培育出高产优质的油茶新品种，不是一朝一夕的工夫，往往需要十几年甚至几十年。陈永忠数十年如一日，坚持油茶科研。他走遍山区，雨天一身泥、晴天一身汗，与农民同吃同住，一起忍受蚊叮虫咬；没有电，只能借助烛光记录和分析数据；几分钱一个的标签舍不得买，就砍竹用竹签写字代替。他带领团队经常白天在田间地头开展试验观测，晚上继续进行样品处理、实验测试，整理材料和统计分析。经过上千种的组合，终于培育出杂交新品种“湘林系列”油茶。该良种推广种植后增产 6 倍以上，最高达 75.5 公斤 / 亩，产值超过 5000 元 / 亩，已推广到湖南、江西、广西等 14 个省份和越南、泰国等东南亚国家，应用面积达 500 多万亩，成为享誉油茶产区的主推良种，是农民的“摇钱树”。在此基础上，他主持完成了“油茶雄性不育杂交新品种选育及高效栽培技术和示范”成果获国家科技进步二等奖，是油茶领域的最高奖励。

陈永忠32年如一日，扎根油茶生产一线，为农户、企业无偿提供技术指导，既不拿工资，也不持股份，还时常自己搭路费，用科技染绿荒山，把富裕带给乡亲，创建了一套完整的油茶“良种+良法”模式，赢得南方山区人民群众的深情爱戴。2009年，他主动到国家级贫困县邵阳县开展科技扶贫工作，这一干就是11年，累计推广油茶高产良种、高效施肥等技术成果10余项，指导建立油茶良种繁育基地1个，高产示范基地20多万亩，当地林农亲切地称其为“油茶博士”，“种油茶，找陈博士”已传遍油茶产区。如今，油茶产业成为邵阳县扶贫攻坚和乡村振兴的支柱产业，邵阳县成为拥有8个“国字号”品牌的“中国茶油之都”。至2019年，邵阳县油茶种植面积达到了70.6万亩，年产油2.02万吨，年产值24.2亿元，累计带动全县3万名贫困群众实现了脱贫致富。

今年55岁的陈永忠已两鬓斑白，将继续培育产量更高、品质更优、抗性更强的油茶新品种，持续研究低成本、高效的丰产栽培技术，提升油茶的附加值，努力让青山绿水间的油茶树成为老百姓的“幸福树”“摇钱树”。

ZHANG YUE

张月

践行习近平生态文明思想先进个人

用坚强担当书写新时代林草人职责使命

——国家林业和草原局张月应对新冠肺炎疫情先进事迹

自新冠肺炎疫情发生以来，张月作为国家林业和草原局野生动植物保护司野生动物保护管理处负责人，勇于担当，把使命放在心上；履职尽责，把责任扛在肩上；冲锋在前，始终奋战在抗疫一线。在这场没有硝烟的战役中，张月始终以中央国家机关干部的标准严格要求自己，讲政治、顾大局，增强“四个意识”，坚定“四个自信”，做到“两个维护”，认真践行“人民至上，生命至上”的理念，主动作为、奋发有为、担当善为，坚决管控野生动物，全力做好抗疫各项工作。

大疫考验在前，张月深入细致研判形势，沉着冷静，既当战斗员，又当协调员，彰显了过硬的政治素养和扎实的业务能力。张月牵头起草的《关于进一步加强野生动物管控的紧急通知》《妥善处置在养野生动物技术指南》等重要文件，是国家林业和草原局贯彻落实习近平总书记重要指示批示精神、全国人大常委会关于禁食野生动物决定和应对疫情的务实举措，是指导全国林草行业做好野生动物安全防范管控的工作指南，为各级林业和草原主管部门科学稳妥推进禁食野生动物后续工作提供了政策参考，也为有效杜绝野生动物成为疫情传播链条提供了科学指导。面对严峻的疫情防控形势，他对内开展调度指导，对外加强协调联络，发挥了重要的桥梁纽带作用。疫情在武汉华南海鲜批发市场暴发后，张月第一时间调查核实各省份野生动物养殖的基本底数以及急需解决的问题，形成了翔实可靠的第一手材料并迅速上报，为各项决策提供了基础素材。在对重大事项的部门间协调处理中，他出谋划策、主动沟通，推动了暂停野生动物市场交易、开展打击非法交易专项行动、发布《国家畜禽遗传资源目录》、科学划分蛙类管理权限、修订《中华人民共和国野生动物保护法》等重要工作，保障了禁食决定配套政策的科学性、有效性，切实维护了人民群众的根本利益。疫情期间，张月起草了向全国人大、中办、国办、中央改革办报送的各类材料，办理各类文件材料超过 150 件，累计超过 30 万字，为科学决策提供了重要参考。

为打赢这场疫情防控阻击战，张月以办公室为家，平均每日工作时

间超过 15 小时，他夙夜为公、毫无怨言，勤恳耐劳、无私奉献，赢得了领导的信任、同事的称赞。张月舍小家、为大家，无暇顾及 80 多岁父亲长年瘫痪在床和刚上初一的儿子，身体力行诠释林草工作者的初心使命，用坚强担当践行习近平生态文明思想，为新冠肺炎疫情防控和野生动物管护作出了积极贡献。

洋口林场杉木育种科研团队

践行习近平生态文明思想先进集体

久久为功守初心 一棵杉木做到底

——福建洋口国有林场杉木育种科研团队先进事迹

杉木是我国南方特有的用材树种，杉木之于林业的重要性，相当于水稻之于农业一样。福建省洋口国有林场自 20 世纪 50 年代末，与南京林业大学、福建省林业科学研究院等单位合作组成杉木育种科研团队，60 年来持续开展杉木育种科研与推广应用，取得了丰硕成果，被誉为“中国杉木育种的摇篮”，并在实践中自发形成了“坚守初心、赤

诚奉献、久久为功、科研报国”的“洋林精神”。洋口林场先后被确定为“国家杉木种质资源库”“首批国家重点林木良种基地”“国家林业长期科研基地”，为全国杉木扩量提质作出重要贡献。

1956 年 7 月，“福建省洋口综合林场”在顺昌县成立，从此，洋口林场踏上了绿色征程。建场初期，全场上下抱着“一颗红心一双手，自力更生样样有”的信念，遵循“艰苦奋斗、勤俭办场、因陋就简、先生产后建设”的宗旨，立下“大干三年、绿化全场”的决心，向荒山野岭宣战。短短 3 年时间，建设了 8 个工区和 1 个采伐分场，绿化了 4.1 万亩的宜林荒山。1957 年，洋口林场开展杉木良种选育，开创了我国杉木良种选育的先河。1959 年组建了洋口林场杉木育种科研团队，在全国率先开展杉木第一代品种改良攻关。1964 年建成我国第一个杉木优树收集区，1966 年建成我国第一个杉木无性系嫁接种子园，1973 年建成我国第一个杉木种子园子代测定林，1975 年建成当时我国最大规模的杉木第一代生产性种子园 1000 亩，1983 年被列为杉木改良国家攻关课题主要研究基地，2016 年建成了全国第一个杉木第 4 种质资源库。目前已在全国率先建立杉木无性系组培快繁和扦插育苗技术体系，“洋林”杉木良种商标于 2014 年被确认为“福建省著名商标”，杉木优良无性系‘洋 020’‘洋 061’于 2019 年被认定为“国家级林木良种”。

杉木育种是一项漫长而艰辛的工程，与优异基因相遇的背后，是洋口林场科研团队秉持科技创新、科技兴林、科技兴场的理念，日积月累地辛勤付出。大山深处写人生，无怨无悔作奉献。陈岳武老师穿蓑衣、戴斗笠，爬树、授粉，常被误认为当地农民，为了杉木育种事业，他放弃了三次出国进修的机会。施季森教授曾连续 11 个月泡在林场，回到南京家中时年幼的孩子直喊“叔叔”，还曾因山洪暴发，被困山中 30 多天。洋口林场也涌现出像陈世彬、阮益初、李寿茂、刘大林、翁玉榛、余荣卓、陈孝丑等一批默默奉献的杉木育种专家，像郭厥广、郭阿纸、李长春、吴昌强等一大批扎根林场、无私奉献的老职工……他们只要有任务，召之即来，来之能战。他们的精神薪火相传，激励着一代又一代的林业科技工作者奋力前行，负重拼搏。

践行习近平生态文明思想先进集体

海南陶凤交『绿色娘子军』

虽为女子亦志刚
甘为木麻战飞沙

——海南陶凤交“绿色娘子军”海防林建设先进事迹

20 世纪 90 年代，海南省昌江黎族自治县棋子湾沿海岸线一带沙尘滚滚，入眼皆白，流动沙丘地貌曾被中外专家判断为“无法治理”。最开始种一批死一批，承包海防林造林任务的老板无奈放弃。而为了维持生计才接下 7 块钱一天种树“苦活”的陶凤交，却和几个姐妹一起，向昌江县林业局领下栽种任务。“这里是我们的家乡，离棋子湾那么近，大家心里其实都想看见这片荒漠化的海岸，能有被绿林覆盖的那一天。”陶凤交说，即使不是她，也会有其他人站出来担下这份重任，索性她就先领了这份活。

接了任务的陶凤交不信邪，在她眼里，一定要成功，一定会成功！没有技术支持，也没有资金来源，陶凤交和姐妹们用的是土办法。“爬

到树上摘木麻黄树籽，再回来自己育苗，大家都不会，那就慢慢摸索。”与陶凤交一起种树的文敬春还记得，当年不管是年轻的陶姐，还是已经50岁的文英娥，3层楼高的木麻黄树，爬起来比男人还利索。这群“绿色娘子军”在试验、失败、再试验、再失败的循环中坚持了下来。从育苗、移苗再到种植，陶凤交和姐妹们在技术人员的指导下，挺住一次次挫折，经过反复的思考和试验，“娘子军”们摸索出先种野菠萝固定流沙再种木麻黄的办法，让原本极低的成活率一下子提高许多。陶凤交还把育苗的营养袋进行多次改良，通过浸泡幼苗、增加挖坑深度、使用保水剂等办法，原本白茫茫的沙地上，开始有了点点翠绿。

汗流浃背，脚底长茧、起泡，对于陶凤交与她的“绿色娘子军”来说，这些已是植树中的“家常便饭”。然而，真正让她们犯难的，是因长时间在沙丘上行走，导致沙粒、汗水和内裤混杂在一起，大腿内侧就会摩擦、破皮，奇痒无比，甚至引起红肿、发炎。不仅要承受身体上的疼痛与折磨，陶凤交与她的“绿色娘子军”还要背负来自外界的各种刁难与质疑。有一回，因被误解占了别人的土地种树，一位村民竟直接将臭粪泼在陶凤交身上。那一夜，陶凤交号啕大哭……

而今，距棋子湾海岸线不过百米的区域，一大片木麻黄郁郁葱葱、绵延数十里，成为缀在海南西海岸上的一个绿色奇迹。28 年坚持，换来的是占昌江整个海防林面积 36% 的“绿色长城”；338 万株木麻黄，是一笔难以估价的生态财富。曾经的泪水，是幼苗最好的养分，逝去的芳华，凝固了流动的沙丘，虽为女子亦志刚，甘为木麻战飞沙。陶凤交也先后荣获“中国生态文明先进个人”、全国绿化劳动模范、全国“双学双比”女能手、全国三八绿色奖章、全国就业创业优秀个人等荣誉称号。

践行习近平生态文明思想先进集体

彰武固沙造林科研团队

初心变恒心　大漠变绿洲
让绿色成为发展最动人的色彩

——辽宁彰武固沙造林科研团队先进事迹

1952 年 4 月，辽西省人民政府在沙荒集中的彰武县章古台成立了辽西省林业试验站，开展固沙造林试验研究。这是我国最早的防沙治沙科研机构。1978 年 10 月更名为现在的辽宁省固沙造林研究所。

以刘斌为代表的老一辈固沙人成为新中国成立后第一支迎战风沙的科研团队。创业阶段的工作条件犹如流沙表面，一穷二白。最早的研究

工作是在一无前人先例、二无资料借鉴的条件下展开的。白天，他们头顶烈日，脚踏六七十摄氏度滚烫的沙面，探索流沙移动规律，积累科研数据。渴了，喝口白开水；饿了，吃口窝头咸菜。晚上，他们在农舍的煤油灯下，查阅国内外资料，分析试验数据，撰写科研论文。韩树棠、王泽冒着酷暑，顶着烈日从章古台步行至通辽，寻找固沙植物；王永魁克服酷暑严寒，昼夜观察流沙移动规律……

经老一辈科技工作者的不懈努力，试验站相继开展了灌木固沙、樟子松沙荒造林、农田防护林、牧场防护林、混交林、沙地果园营建技术、林木育种、森林保护等研究工作。总结出了“以灌木固沙为主，人工沙障为辅，顺风推进，前挡后拉，分批治理”的一整套综合治沙方法，被誉为中国三大治沙方法之一，填补了我国灌木治沙史的空白。

科研团队还进行了沙地樟子松引种育苗试验研究，于 1955 年成功营造起中国第一片樟子松引种固沙林，开创了我国樟子松治沙造林的先河。日前，章古台地区已成为全国最大的樟子松种苗集散地，森林覆盖率由新中国成立初期的 6% 提高到 40% 以上，固沙林使大面积农田和果园得到了保护，遏制了风沙危害，粮食总产量比治理前增加了 10 倍。

科研团队于 1990 年首次发现并选育出的抗旱、抗病、生长快的优良针叶杂交树种——彰武松，其综合生长指标比樟子松快 20% 以上，是三北地区有重大发展前景的造林和绿化树种。2007 年通过省级林木新品种审定的樟子松优系 GS1，生长速度比普通樟子松快 1 倍以上，发展前景更为广阔。2014 年通过省级良种审定的沙地赤松，以及成功引进的抗旱、抗寒、丰产的沙地平欧杂种榛，探索出了生态修复与沙区百姓当期致富同步发展的新路。

在长期的科研实践中，几代固沙所人用心血、汗水和生命凝结成“艰苦奋斗、刻苦钻研、不屈不挠、无私奉献”的精神，已深深植根于彰武北部 500 万亩的土地上。

践行习近平生态文明思想先进集体

云南『陆良八老』

生命因绿而更长青

——云南“陆良八老”荒山造林绿化先进事迹

1980—2010年，云南省陆良县龙海乡树搭棚村八位普普通通的村民用31年时间，在海拔2300米高的荒山野岭花木山，累计承包工程造林13.6万亩建起公益性生态林场。他们就是被当地人亲切称为“陆良八老”的王小苗、王家寿、王长取、王家德、王开和、王云方、王德映、王家云。如今，最大的83岁，最小的72岁。

花木山属高海拔、高寒山区，不仅是“光头山”，而且是“赖石头

山”。在山上栽树，不光要克服恶劣气候带来的困难，还要经受地质复杂带来的艰辛。一锄头挖下去只见到火星四溅，震得手臂发麻，半天挖不出一个塘，有时一把锄头挖三天就报废了，但这一切都没有动摇八位老人坚定的信心。他们率领造林队白天挖塘，晚上就睡在自己搭建的简易工棚里互相取暖。历经无数日日夜夜的苦战，硬是在乱石遍布的花木山见缝插针栽下了一棵棵树苗。

八位老人在实践中，还总结出了“育苗移栽”的成功经验。他们买来树种，专门在一个地方育苗，八个人轮流精心看护，种子发芽长出树苗后再进行移栽，摸索出了“树苗 50 天移栽，成活率达到 95%；80 天移栽，成活率只有 60%；100 天后移栽，成活率不到 10%”的经验。按照这一方法，当年移栽的 470 亩华山松，成活率达 90% 以上。多年来，不知挖断了多少把锄头、不知穿烂了多少双鞋子、不知磨破了多少老茧，也不知风餐露宿多少条山沟，八位老人率领造林队终于完成了花木山的植树造林任务。看着昔日“光头山”渐渐披上了绿装，老人们忘记了艰辛和疲惫，决定给这座山取名“花木山”。

植树造林几十年，虽然辛苦，但老人们十分乐观，还自创了小曲：“青青高山陡石岩，我身背背篓造林来，不怕太阳晒，不怕风雨打，一颗红心为人民，党的教导我记心怀”。

植树造林的任务基本完成后，八位老人以护林守林为主。不论白天还是黑夜，不管刮风还是下雨，都轮流到山林里巡逻。每年春节，山下张灯结彩，鞭炮阵阵，合家团圆，老人们却更加忙碌了，这正是风干物燥易起火的时候，一点都不敢马虎，稍不小心一个鞭炮就会引发森林火灾。在八位老人的精心管护下，30 年多来，花木山林场没有发生过一起森林火灾，也没有发生过一起乱砍滥伐的案件。八位老人犹如守护神一样，呵护着花木山的一草一木、一花一叶，使花木山青山不改，四季常绿。生命，因绿而更长青。

践行习近平生态文明思想先进集体

陕西森工医院援鄂医疗队

为武汉战“疫” 贡献绿色力量

——陕西森工医院援鄂医疗队抗疫先进事迹

陕西省森工医院始建于1976年6月，是一所服务林业职工、面向社会、技术领先、设施齐备、特色鲜明的综合性医院。在过去的44年里，森工医院为救治林业职工、保障林区生产生活秩序作出了重要贡献。特别是在2020年年初的新冠肺炎疫情战斗中，森工医院再次把人民群众生命安全和身体健康放在第一位，以“医者仁心”“救死扶伤”的精神气概投身到疫情防控的最前沿。

武汉新冠肺炎疫情暴发后，森工医院坚持党建引领抗疫，充分发挥基层党组织的战斗堡垒和广大党员的先锋模范作用。全院党员干部踊跃报名赴湖北一线及发热门诊参加抗疫工作，共抽调237名医护人员在发热门诊、预检分诊、隔离观察病区、隔离观察酒店、120应急转运、包抓社区学校、高速检查点实行专班24小时值守，165名护士、65名医生积极报名援鄂。森工医院将党组织建设深入到疫情防控一线，在隔离酒店成立了临时党支部，在3个包抓小区设立“党员先锋岗”，让党旗在战疫一线高高飘扬。8名抗疫人员被上级党组织火线批准为预备党员。

森工医院主动请战援助疫区救治，派出两批11人赴武汉协和医院西院及武汉光谷方舱医院开展救治工作。全体医疗队员牢记使命，服从指挥，以大无畏的担当精神奋战在抗疫一线，实现了病区患者清零、医务人员零感染的双“零”目标。医疗队员推迟了婚期、安抚好休产假的家人，将孩子托付给家人照顾，放弃了和病逝的父亲见最后一面的机会，用奉献和坚守为武汉战“疫”贡献了绿色力量。

森工医院坚持“外防输入，内防扩散，严防院感”，把疫情防控作为医院最大的任务、最重要的工作。疫情防控期间，共转运新冠疑似人员 6 人次，留观 103 人次，未发现确诊及疑似病例，无院内感染发生。有 11 名队员被陕西省林业局记功奖励，6 名医护人员被陕西省林业局嘉奖表彰。3 名护士被武汉市授予“白衣卫士”称号，2 名医护人员分别被方舱医院授予“医师之星”“护理之星”称号。1 人被授予陕西省优质护理先进个人，2 人被授予西安市优质护理先进个人，呼吸内科被授予西安市优质护理先进集体。医院援鄂医疗队分别被授予“西安青年五四奖章集体”及“鄠邑区抗疫青年突击队”称号。森工医院及时总结和宣传一线医护人员个人先进事迹和展现出的良好精神风貌，在林区、场站、学校、机关单位开展抗疫事迹宣讲 30 余场次。

森工医院在这场疫情防控阻击战中，全院医护人员认真落实习近平总书记关于疫情防控的重要指示精神，以更高政治站位、强有力执行措施圆满完成了疫情防控任务，为林区及区域疫情防控作出了应有贡献。

践行习近平生态文明思想先进集体

大兴安岭航空护林局特勤突击队

铁骨铮铮军营汉 扎根边疆卫家园

——内蒙古大兴安岭航空护林局特勤突击队扑灭火先进事迹

2017 年 4 月，内蒙古大兴安岭林区成立了国内首支直接隶属于航空护林局的特勤突击队，填补了航空护林“空地一体化”作战的空白。

航空特勤突击队最突出的特点就是快速、机动、精干、多能，作为攻坚力量，到达关键位置、处置关键难题是基本要求。每年 4~11 月，军事化管理、24 小时战备，采取携带装备乘机巡护；发现小火时就近机降或索滑降，直接实施扑救；火势较大时，扑打火头火线在火场附近

滑降开设直升机机降点，为后续实施机降灭火做好准备和保障。航空特勤突击队的特殊性，对队员的身体素质、心理品质、业务素质等都有很高的要求。队员除了会常用灭火机具使用、维修等基础技能外，还须掌握索滑降、开辟机降场地、机降灭火、吊桶吊囊灭火、飞行安全和气象、话务通讯等方面的技能。队员们经常利用休息时间自发研究装备，确保对装备熟练使用、熟知性能、应急维修。过了装备关过飞行关，过了飞行关过滑降关，从地面到滑降塔到直升机实战演练再到密林腹地，从轻装到全副武装……就这样过关斩将形成战斗力。

2018 年端午节下午，汗马自然保护区内发生雷击火，地面队员无法及时赶到，要求航空特勤突击队紧急乘机前往扑救。12 名队员赶到火场后，用时 1 小时 45 分，实现火场全面控制，又连夜深度清理火灾，避免了重大森林火灾的发生。2019 年 7 月 11~13 日，内蒙古大兴安岭北部林区接连 3 天发生 6 起雷电森林火，14 名队员奋战一夜将初发火扑灭。7 月 12 日又前往另外一处火场奋战一夜扑灭火情。同样的情形 7

月 13 日再次上演。几年来，累计参与扑救森林火灾 40 余起，其中单独处置火灾 8 起，从“拓荒者”淬炼成“杀手锏”，他们以实际行动保卫着祖国北疆的绿色生态屏障。

铁汉也有柔情的一面，听他们回忆起扑火灭火背后的故事。“那场火正赶上我订婚，订婚宴准新郎不在场”“那场火正赶上我姑娘出生”“那场火我差点挂树上，林子太密啦，裤子刮开了好几道口子”，“那场火我们连续干了 20 多个小时，打完上飞机就睡着啦，媒体还发了我们横七竖八睡觉的照片，还赚了不少人的泪水”。23 岁的叶田丰是队员当中年龄最小的，退伍前在辽宁抚顺雷锋连雷锋班，从小总看到父亲上山扑救林火，现在他也参加扑火战斗，感觉很有意义。

航空特勤突击队队员们的生活与事业就这样与内蒙古大兴安岭这片林海紧紧系在一起，他们以开拓进取、争先创优的锐气，攻坚克难、奋勇争先的豪气，蓬勃向上、奋发有为的朝气，披荆斩棘、勇往直前的士气，守护着祖国的绿水青山。

林草楷模

最美生态护林员先进事迹

王明海　朱生玉　多　贡　孙绍兵

陈　刚　陈力之　麦麦提·麦提图隼

汪咏生　李玉花　吴树养　岳定国

庞金龙　陶久林　贾尼玛　高玉忠

海明贵　黄永健　蓝先华　曾玉梅

谭周林

最美生态护林员

王明海

WANG MING HAI

守护绿水青山的脱贫人

——吉林省汪清县王明海先进事迹

吉林省汪清县地处长白山腹地，是东北虎豹国家公园的核心区之一。在脱贫路上，汪清“生态护林员”群体成功转为“森林卫士”。

王明海是“生态护林员”群体的优秀代表，他是汪清县汪清镇沙北村村民，1956 年出生，由于妻子常年患有肺癌，医药费掏空了家底。后来妻子去世，女儿出嫁，儿子外出打工，王明海靠种地维持生活。近年来他常受高血压、风湿病的困扰，医药费又占据了家庭大部分支出，生活十分困难。

2017 年他被选聘为镇里的第一批生态护林员，管护 660 亩集体林。每天一大早，他便穿上迷彩服和巡护马甲，戴上生态护林员卡和红袖标，检查了三轮电动车里的铁锹、镰刀等工具，开始一天的巡护工作。

在一次巡山过程中，王明海发现山上的农道有刚刚被车轮轧过的痕迹，他便顺着车轮的痕迹追寻，最终他追寻到一个人开着钩机到山里来取土正要破坏植被，他不顾个人安危立刻上前制止，并及时上报林业部门，有效保护了生态环境。

2019 年 4 月，他骑车上管区途中和迎面驶来的车辆发生了碰撞，导致他的肋部软骨受伤。林业站站长嘱咐他在家好好休养，可刚过两天，他又“上班”了。别人问他没好怎么就来了，他说：“我已经没事了，只有到管区来转一下才觉得踏实。”

每月巡护至少 20 天，每天巡护一二十公里，风雨无阻。在春秋两季半年时间里他更是一日不休。在防火期每天 6 点巡山到天黑，尤其是

清明节上坟的人多，早上四五点就要出门。2019 年春节来临之际，按照防火要求防火期已经结束了，但汪清地区冬季没有下雪，而当地还有春节上坟烧纸的习俗，所以大年三十王明海都没有休息，在管区内向上坟的人们宣传防火知识，避免了火险发生的可能。

王明海被聘为生态护林已经 36 个月了，当别人问起他有没有觉得辛苦时，他说:“说不辛苦那是骗人的话，但我既然当起了护林员，就必须尽好本分。虽然我能力有限，但能为保护森林和生态建设作一点贡献也就不觉得辛苦了。”

王明海成为生态护林员三年多来，工作一丝不苟，处置了 20 多起火灾隐患，制止私自到浅山区挖沙破坏植被的行为 6 起，还制止了多起盗伐林木、非法开垦等行为。在他任职以来，责任区内未发生过一起森林火灾和滥砍盗伐林木、乱捕滥猎野生动物等破坏森林案件。

他自豪地说："自从当上生态护林员，我每天按时上下班到月底财政所按时给我拨付工资，我也成为'林业人'了！我每年有 1 万元的工资稳定收入，再加上种地收入 5000 元左右，儿女再给点，日子比以前好多了，现在我已脱贫，我对奔小康充满了信心。"

汪清县从 2016 年开始实施生态护林员扶贫政策，到 2020 年生态护林员实际在岗人数已达到 2090 名，像王明海一样尽职尽责的生态护林员还有很多很多，他们默默保护着吉林的绿水青山，在脱贫奔小康的路上奋力前行。

最美生态护林员

朱生玉

Z H U
S H E N G
Y U

心系藏乡护林梦　一路汗水一路歌

——甘肃省天祝藏族自治县朱生玉先进事迹

朱生玉系甘肃省武威市天祝藏族自治县安远镇柳树沟村人，家中3口人，2013年年底识别为建档立卡贫困户。

2017年11月，朱生玉得知了安远镇柳树沟村选聘生态护林员的消息后，他怀着独特的情感，毫不犹豫地向村委会递交了申请。由于他自小在山区长大，对那里的一草一木、山形地貌了如指掌，经过村委会推荐，镇政府和县级审核，朱生玉如愿选聘为生态护林员，负责守护小柳树沟林地900多亩。管护区山大沟深、路途遥远，能骑车的地方少，步行的地方多，他凭着一双“铁腿”，每天坚持巡护，踏遍了林区的山山水水，一沟一壑，对林区的地形地貌、森林资源状态等都了然于胸，被村民们誉为林区的“活地图”，字迹工整的巡山日志就是他认真工作的真实写照。

巍巍雪山挡不住朱生玉豪迈的气概，茫茫林海隔不断57岁老汉的藏乡生态梦。朱生玉自2017年被选聘为生态护林员以来，他积极参加乡镇、护林站组织的培训，认真学习相关的法律、法规及政策，凭着强烈的责任感和不怕吃苦默默奉献的精神，兢兢业业做事，勤勤恳恳护林，周边林草的茂盛见证他辛勤的付出，也让自己的家庭走上了脱贫致富路。他常常给村里人说：“党的政策好呀，家里农活不耽误，还有8000元劳务报酬，好日子才刚刚开始呢。”自选聘以来，每到春节、清明节等防火重点期，他就背着干粮在管护区内的各个坟头巡护蹲守，上坟的人走了，他要详细检查有无火星，确保纸灰全部熄灭后又走向下一个坟头。在防火安全期他挨家挨户入户宣传《森林防火条例》《中华人民共和国野生动物保护法》和林草政策法规及防火常识，面对面讲解生态保护的重要性，他还自发到林区写标语、立警示牌，一再告诫群众进山入林严禁携带火种。对他来说，清理田间地头杂草，消除火灾隐患，捡拾护林区垃圾，更是他的日常。在他的带领下，现在村里人防火意识和保护生态的意识明显增强，护林、爱林的意识也是深入人心。他所管护的责任区，没有发生过森林火灾及乱砍滥伐的现象，有效地保护了责任区域林草资源安全。

2019 年春节过后，亲戚想请他去新疆承包土地种植棉花，收成好一年有二三十万收入，比他护林员的收入高几倍，然而被朱生玉婉言拒绝，因为他心里放不下走过的一沟一壑、守护的一草一木。2020 年春节，新冠肺炎疫情来势汹汹，军人出动、医生救急，举国上下打响了抗

疫阻击战，朱生玉也不落后，他又成为了柳树沟村疫情“守门员”，每天完成巡护任务后，一有时间就主动到村口防疫点值守，劝阻来访走亲人员，认真做好登记报备工作，积极宣传抗疫知识，为打好疫情防控战贡献着一名生态护林员微薄的力量。

清贫岁月心无悔，功名浮华皆云烟。朱生玉没有感天动地的故事，但他有对山林的责任，对护林工作的无比热爱，他用朴实无华的行动，表达着他对养育过他的山山水水的最朴实的情感，表达着对党的扶贫政策的感激之情。如今，朱生玉一家的生活明显好了，卫生院为老伴的糖尿病办理了慢病证，儿子也找到了稳定的工作，全家人都有了致富的信心。

朱生玉兢兢业业的工作得到了广大群众的高度认可，也成了其他护林员学习的榜样，现在提起安远镇的护林工作，人们第一个想到的就是朱生玉，都由衷地为他竖起大拇指！ 3 年多以来，他走过的是一条任劳任怨、辛勤耕耘的护林之路，身后一串串坚实的脚印和一片片茂盛的树林，写满了坚韧、崇善、团结、奋进的“天祝精神”。风雨沧桑，他初心不改，守望着自己的护林梦，一路汗水一路歌，谱写了一曲平凡而卓越的护林藏歌。

最美生态护林员

多　贡

DUO
GONG

为了山林那一抹笑容

——西藏自治区芒康县多贡先进事迹

多贡，藏族，1970 年生，现年 50 岁，属西藏自治区昌都市芒康县建档立卡贫困户（2013 年 12 月识别，2017 年年底脱贫退出），2016 年被正式选聘为生态护林员。5 年来一直从事着“护林防火、保护野生动植物、阻止乱砍滥伐”等工作。

黑瘦的面庞，干裂的嘴唇，一双洁净无瑕的眸子，两鬓结上了些许白霜，这个男人叫多贡，已然到了知天命的年纪，他正在 214 国道旁小心翼翼地捡拾着垃圾。

小心翼翼？看到小心翼翼这四个字，也许很多人都冒出了问号，捡个垃圾罢了，何必小心翼翼。如果我告诉你这是在 214 国道的山坡旁，又或者你亲眼看到他捡拾垃圾的位置，你一定会对这个黑瘦的男人充满敬意。

一只手拽着灌木，另一只手铆足劲将力气使到最大，不停地试探着。调皮的汗水由面颊流下，不停地开拓着属于它的领地。仅仅过去了三分钟，多贡的全身便已经被汗水浸透了。他大口喘着粗气，望着近在咫尺的饮料瓶，眼神透露着坚定。脚下泥土因为踩踏的时间过长，开始有些松动了，甚至可能会摔下山坡。

“终于拿到了。”多贡长长地舒了一口气，将饮料瓶投入携带的蛇皮袋中，望着洁净的山坡，他的脸上露出了笑容。这样的情形，多贡都数不清有多少次了。

捡拾垃圾是多贡近二十年来的习惯了，从三十岁开始他就经常一个人拿着袋子，在小昌都村周围的山坡上转悠，看到垃圾就捡起来。据多贡的朋友说，多贡曾经一天捡过十大袋的垃圾。随着国家保护环境力度的加大，多贡再也突破不了自己创造的这个记录了。

“国家加大了对环境保护的投入，红拉山笑了，我希望自己袋子里的垃圾越来越少。”多贡用不标准的普通话说道。随后，多贡带领着伙伴哼着藏族山歌，继续巡护着这片美丽的山林。我曾问过多贡，为什么你每天都笑容满面。他告诉我，因为他居住的这片土地越来越干净了，越来越迷人了。

过了一会儿，多贡和伙伴就近找了一片山坡席地而坐。掏出随身携带的糌粑、酥油茶，吹着凉爽的秋风，眼神中透着满足。

半个小时以后，多贡和伙伴一行五人再次开始了巡山。边巡山边捡拾垃圾，边哼着山歌。正在走着，多贡突然加快了步伐，朝着林中发着红光的位置冲了过去。走到红光位置处，看到是一个红色塑料袋，多贡的心这才平静下来。

嘴里念叨着“还好不是火。”见到多贡如此紧张，同行的伙伴拍着多贡的肩膀安慰道：“怎么可能发生火灾，不会的。”听到同行的伙伴这样说，多贡脸色由晴转阴。

“国家给了我生态护林员这个岗位，让我在家门口就业，保护自己生活的土地，我怎么能不竭尽全力呢！”多贡的这一番话让在场的人脸色不禁一红。很多的生态护林员巡山仅仅为了应付罢了，根本没有多贡这样的想法。一天的巡山很快结束了，多贡携带的袋子也逐渐“吃饱了”。结束了一天的巡山，回到家中后，多贡第一件事情便是打开电视收看《动物世界》，看着自由自在奔跑的动物，看着美丽的环境，多贡的心里比吃了蜜还甜。

“巡山，巡山，你这天天上山，上山砍树的人都记住你了。”多贡的老婆端上饭时，嘴里嘟囔着。

“记住我，才好呢！如果我多贡的名字能吓到那些砍树的，就好了。”多贡说完，脑海中浮现出曾经阻止别人乱砍滥伐的画面。

记得那年冬天晚上 8 点左右，多贡闲来无事，便到山上转悠，来到山脚便听到窸窸窣窣的声音，山林中还透着光亮，他便朝着山林走去。随着距离光亮越来越近，多贡听到了伐树的声音。他立刻意识到情况不对，赶忙通知护林员伙伴。通知后，便朝着伐树地奔去，同时大声喝止。偷伐树木的人听到有人后，连工具没拿就跑了。想到这里，多贡继续说到：“老婆，你知道吗？山笑了，笑的和你一样美。”

听到这句话，多贡家里的人都笑了。透过这笑声，仿佛听到红拉山上的一草一木、花鸟鱼虫以及红拉山的每一寸土地都洋溢着微笑。

最美生态护林员

孙绍兵

S U N
S A H O
B I N G

爱岗敬业管好林　守护青山为家乡

——河南省新县孙绍兵先进事迹

孙绍兵，河南省新县泗店乡邹河村一名普通的生态护林员。2017年被聘为生态护林员至今，无论是资源保护、幼林管护、森林防火，还是服务农村中心秸秆禁烧、防疫抗灾等工作，他都乐于奉献、积极配合，在平淡的岗位上，做出了不平凡事迹，受到广大群众的认同和组织的多次表扬。

学通业务知识、提高管护技能。他所管护的山场面积7020亩，属丘陵地势，管护面积大、山林分散且道路崎岖。为了尽快熟悉护林工作，他一边熟悉政策法规、安全防火、野生动植物保护、病虫害防治等业务知识，一边加强林业生产实践。为确保森林资源安全，他从宣传入手，通过张贴标语、树立标牌、喇叭广播、发送微信消息、走家串户等形式，向村民宣传林业政策和法律法规。他深知自己肩上的担子，每天清晨，他总是家里最早出门的人，带着干粮，骑上摩托车，边走边巡视，边走边宣传，只要有时间，他都会挨家挨户耐心地讲防火形势、讲防火知识，宣传森林保护和森林防火的重要性。尤其在制止乱砍滥伐方面，由于农民建房一般都是秋冬季备料，孙绍兵除按时巡山外还要定期走访建房户，做好宣传工作。几年来，他所管护的责任区没有发生过一起乱砍滥伐、森林火灾现象，有效地维护了责任区林业资源的正常发展。

管护到岗到位、巡逻到位到点。对待这份护林的工作，孙绍兵说，“当了一辈子农民，现在老了还肩负起特殊的责任了，以前只管自家的

一亩三分地，现在我要负责全村的森林安全，觉得满满的使命感。”夏季，他常态化巡视山林，深夜在公路河边巡查；冬季，遇到进山村民和外地人，告诉他们切勿野外用火，注意森林防火。2018 年 2 月的一天，在巡山途中发现两位外地人在山中休息抽烟，上前询问，得知他们是想挖几棵兰草花回家种养。老孙一点不含糊，他说：“我是乡的护林员，政府严禁乱挖乱采花草树木，而且你们还在山中抽烟，冬季天干物燥稍不留神就会引发火灾。”二人听了他的劝诫，自觉下山走了。每到春耕秋收时期，孙绍兵显得更加忙碌，秸秆禁烧和护林防火工作都不容懈怠，刮风下雨、严寒大雪的日子，孙绍兵更是坚持巡护。他说：“越是天气恶劣，越是犯罪分子盗伐林木、偷拉私运和乱捕滥猎的时候，我们就越是要加强巡护，决不能给犯罪分子留下可乘之机。”当地在元宵节、清明节有上坟烧纸的习俗，极易引发森林火灾。每逢这些节日以及重要的防火节点的前几天，孙绍兵早早上山巡查，却往往后半夜才能回到家，妻子时有埋怨，但他却说：“虽然我自己的能力有限，但政府聘我当生态护林员，本身就是对我的一种信任，我当然要好好干。”

坚持一岗多责，爱岗敬业勇担当。3 年来，孙绍兵不仅仅在林业管护上尽职尽责，同时积极配合村两委的中心工作，只要村里有安排，立即冲锋上阵。在 2020 年年初的新冠肺炎疫情防控中，他主动请缨化身“疫情宣传员”，同时宣传疫情防控知识，让疫情防控知识随着“流动小喇叭”传遍每一个村民组。因为他对待工作认真负责的态度，村两委吸纳他加入“五老四员”队伍，负责监督、调解等工作，平常看到有乱丢垃圾、破坏环境等行为的，他及时制止，有邻里纠纷的，他主动调解，大家都说孙绍兵是大山的好管家、乡邻的好帮手。

几年来，孙绍兵的足迹踏遍了邹河村的每一个山头。哪里的树被风刮倒、哪里的桥涵被水冲坏、哪里的树有了病虫害……他都在巡护日记中记得清清楚楚，无论风霜雪雨，无论严寒酷暑，他始终坚持巡护，辖区内的每条山路上、小溪旁、密林深处都留下了他行进的足迹。没有豪言壮语，也没有石破天惊的壮举，孙绍兵只是默默地用自己的实际行动，坚守着沟沟壑壑的碧水蓝天，用使命担当践行着“绿水青山就是金山银山”的理念。

最美生态护林员

陈刚

CHEN GANG

坚守巡护一线　守护一方安宁

——湖北省五峰土家族自治县陈刚先进事迹

五峰土家族自治县地处湖北省西南部，全境皆山，平均海拔 1100 米，居全省第二；有林地 302 万亩，占国土面积的 85%，森林覆盖率 81.68%，位居全省县域之首。位于五峰土家族自治县西部的五峰镇水浕司村有这样一位生态护林员，日复一日，年复一年，始终坚守在巡山护林一线，守护着一方安宁。

他叫陈刚，土家族，现年 45 岁，初中文化程度，2017 年被选聘为五峰镇水浕司村建档立卡贫困人口生态护林员，2019 年任五峰镇水浕司村生态护林员组长。作为组长，他不仅要管护自己辖区内 5000 余亩的山林，还管理全村生态护林员在岗履职情况。尽管管护的山林面积大，任务重，但他从不言苦、不说累，对工作踏实、认真、负责是他一贯的作风。

2018 年年末，一次日常巡护中，陈刚发现有疑似松材线虫病枯死松树，他立即向林业管理站报告，迅速组织护林员对全村 44286 亩天然林进行地毯式排查，将排查出来的枯死松树一一登记编号，及时上报，为全县除治松材线虫病提供了第一手翔实资料。排查完后，他又参与到由林业部门组织的枯死松树除治工作，对所登记的枯死松树逐一砍伐、烧毁、清除，切断传染源，有效遏制松材线虫病的蔓延。在这之后，陈刚带领村里的生态护林员将森林病虫害作为重点巡护对象，加强日常巡护。他经常说"事前有准备，遇事不惊慌"，他也一直坚持着，始终把工作想在前、做在前。

在山区，老百姓靠的是山，吃的也是山，水浕司村积极响应号召，全面停止天然林采伐，村民很是不解，一度非常抵触，怨声四起，不时还有村民偷偷砍伐树木等现象。陈刚了解此情况后，在巡护中重点关注村内极个别村民的动向，一旦发现砍伐树木等行为，他第一时间赶到现场极力劝阻，耐心向农户讲解天然林保护政策，碰到蛮横不听劝阻的农户，他就宣讲《中华人民共和国森林法》《中华人民共和国刑法》等处罚条款劝阻村民，不达目的誓不罢休。在他的宣传下，现在全村无乱砍滥伐、乱采乱挖林木现象，处处山青林绿，风景如画。有的农户问他："你怎么知道这么多知识？"他笑着说："在新时代下，不加强学习怎么干得好工作，自己腰杆子不硬怎么管得好别人。"

除了日常山林巡护外，他会抽时间上山去植树造林。4 年多来，在他的影响下，村公路沿线两旁、农户庭前房后种植紫薇、红花玉兰、杉

木、核桃等林木达 2.5 万多株，成活率达 90% 以上，形成了一道靓丽风景线。他还热心帮助其他公益岗位人员清理垃圾，清扫路面，排查道路安全隐患。在新冠肺炎疫情防控期间，他主动请缨，给村民代购物资，配送生活必需品，免费给防疫人员提供工作餐，在援汉捐赠物资中，自己不仅捐钱捐物，还帮助村委会义务转运捐赠物资。

自从陈刚担任生态护林员后，他每日穿梭于崇山峻岭之中，时刻牢记巡山护林职责，在公益活动处处有他的身影。他虽然没有惊天动地的业绩，也没有世人皆知的荣誉，但对自己的岗位始终满腔热忱，对服务群众始终真心实意，在护林这个平凡的岗位上，以他不平凡的敬业精神守住了绿水青山。

最美生态护林员

陈力之

CHEN LI ZHI

看好这片山等于守护着一个“绿色银行”

——贵州省湄潭县陈力之先进事迹

陈力之，现年 29 岁，汉族，初中文化，贵州省湄潭县鱼泉街道办事处土塘村村民，2017 年选聘为生态护林员，当地致富带头人。

人穷志坚，自强自立，敢叫贫穷换新颜。“绿水青山就是金山银山，我们鱼泉正是因为有了绿水青山，才变得康养、平安和幸福。”贵州省湄潭县鱼泉街道不到 30 岁的陈力之对金山银山的概念感受太深了。

“记得我 7 岁时就没了父亲，是母亲含辛茹苦把我和哥哥拉扯长大。那时候这里生态不好，为了生存，只得在石窝窝里头种苞谷，从贫瘠的石旮旯地里刨食。哪像现在，林深叶茂，生态好了，到处鸡鸭成群，牛羊满坡，我们建档立卡贫困户都过上了小康生活。”

陈力之的哥哥虽然四十来岁，却因患智障连生活都不能自理，而年近七旬的母亲终因积劳成疾，患有高血压和骨质增生行动不便，这个家顶梁柱的担子自然落到了陈力之肩上。2017 年，鱼泉街道土塘村要在贫困户中物色护林员，年轻好学、积极向上的陈力之成了大家公推的对象，于是他的肩上又多了一份责任。“既然政府信任我，让我看护我们村的林子，无论怎么辛苦，我都一定会把工作做好。”他是这么说的，也是这么做的。此后数年，陈力之在工作岗位上尽职尽责，为鱼泉街道的森林防护谱出了绿色之歌。

以山为家，以林为伴，做森林资源的守护神。“不要携带火种进山、不要在林区吸烟、不要在山上野炊、不要在林区内上香……”一开始巡山护林时，陈力之在各个路口巡逻宣传，把火种拦截在山门之外，有时

声音小了别人听不见，便只能大声喊，一天下来嗓子沙哑得不成样。一次巡山时，他看到远处冒着浓浓白烟，以为是哪处山林着火了，冒着烈日跑了十多里路，原来是村民在焚烧秸秆，气喘吁吁的他赶忙拉住点火的村民："哎哟！老乡咯，群众会上都说不要在地头焚烧苞谷秆，污染空气不说，要是引起火灾就麻烦大了！"几个村民不愿停下，还怪他"多管闲事"。陈力之边擦额头上的汗珠，边坐在田埂上一个政策一个政策给老百姓讲，遇到百姓不理解的就解释了一遍又一遍，这才阻止住村民们继续焚烧秸秆。后来，条件好些了，他就购置了一辆摩托车，还配备了“大声公”，每天进山宣传，守卫着这一万多亩的公益林区。

2019 年 7 月，与往常一样，在巡山护林时，林子深处有不正常的响动，鸟也飞得特别急切。陈力之急忙下车冲入林中，发现有人在捕猎珍稀鸟类，他赶紧制止，“干吗呢，干吗呢，有人允许你来捕鸟吗？你这是犯法知不知道！”由于长期“锻炼”，他的声音洪亮又富有震慑力，吓得犯罪分子“弃械而逃”。回过神后，他赶紧向街道林业站打电话，汇报情况。在各方追查下，犯罪者得到了应有惩罚。事后，有人问他：“你害怕吗？万一那个人对你打击报复怎么办？”陈力之说：“你不要说现在，其实我当时都怕得很，万一他手里有猎枪我岂不是交代了。但是

护林员就是干这的，上报是我的责任。再说了，当时我也顾不上啊，怕他伤害森林，大的贡献我做不来，但保护好我们这片林子还是没问题的。”

常怀感恩，带头致富，为鱼泉街道增绿添彩。疫情期间，陈力之不仅要巡山，还要守执勤点，他还把自己的工资拿出一部分捐给了村里用于抗疫，村里说不要贫困户的钱，他着急了：“你们必须收着！我们生态护林员一年一万的补贴是国家给的，不管什么时候，一个人都要懂得感恩，起码要对得起自己的良心。”

在护林员工作之余，陈力之经常帮助村里的其他群众解决困难。2018 年秋冬时节，由于缺水，寨子周围很多群众都没了水喝。为了解决这个问题，他奔跑着动员群众，终于，在他的带领下，大家出资 2 万余元，修建了饮水池，寨子里的人终于能喝上方便干净的自来水了。事后大家提起这件事，还是止不住地夸赞：“力之好呀，肯干又勤快，什么都为我们想，要不是他呀，这个水池不知道啥时候才能修起来哟。”

闲暇时，陈力之常常思考“金山银山”的事，村里要办公益事业，群众要真正脱贫，老是捐款真不是办法，还得做好“靠山吃山”的文章。2019 年 10 月，陈力之用自己的积蓄，成立了贵州力之孵化有限责任公司，孵化鸡苗、鸭苗、鹅苗，供应村民们发展林下养殖，多余的家禽苗还远供安顺、毕节、仁怀等地。公司自成立以来已孵化育苗 3 万余羽，不光自己的生活得到了改善，还带动了 3 户贫困户稳定就业。

村民张政超、吴忠生就是孵化公司的两名员工。能在家门口就业，他们特别开心：“我们两口子能在一起上班，还有时间回家带带孩子，挺好的。虽然现在公司不大，相信以后的日子会更好，跟着陈总好好干呗！”现在，他们两人的工资加起来，每年都有 2 万多元，再种点庄稼，全家人的生活基本不成问题。对于“陈总”这个称呼，陈力之是不喜欢的。他说：“哪有什么总不总的，我自己也是贫困户，我是把大家当家人的，希望我们能够共同努力，一起脱贫。”

多年来，陈力之所管护的区域没有发生一起森林火灾，没有一起乱砍滥伐现象，抓获教育乱捕野生动物 1 人，这无不凝聚着陈力之的心血和汗水。

“看好这片山，等于守护着一个‘绿色银行’。”陈力之明白护林工作的重要意义，自学了《中华人民共和国森林法》《森林防火条例》等森林法律法规，还经常去村民家中发放宣传材料，刷写林地标语。他说：“党是我的指路人，也是我的大恩人，我是要向党组织靠拢的人，我也在去年向党组织提交了入党申请书，接受党组织的考验，所以尽管在平凡的岗位上做平凡的事，也要始终记住更好地为人民群众服务才行，为康养鱼泉、平安鱼泉、幸福鱼泉增绿添彩。”

最美生态护林员

麦麦提·麦提图隼

M A I
M A I
T I
M A I
T I
T U
S U N

生态管护助脱贫　致富路上带头人

——新疆维吾尔自治区于田县麦麦提·麦提图隼先进事迹

麦麦提·麦提图隼，维吾尔族，1986 年生，现年 34 岁，初中文化程度，于田县先拜巴扎镇乔克拉村村民，为建档立卡贫困户，于 2018 年招聘为生态护林员。麦麦提·麦提图隼善于学习、工作勤奋、作风扎实、爱岗敬业，其长年累月奔忙于森林资源管护和特色林果业管理工作当中，为先拜巴扎镇，乃至于田县森林资源管护及林果产业发展起到了积极的带头作用，为全县生态护林员队伍建设发挥了积极的模范作用，带动了一大批生态护林员通过业务技能的学习、运用，走上脱贫增收致富路，成为了于田县生态扶贫的一面旗帜。

强化自身素质建设，不断提高业务技能。麦麦提·麦提图隼自 2018 年被聘为生态护林员以来，不断加强理论学习，提高思想认识，拓宽视野。一是强化国家通用语言能力学习，提高自身的沟通能力；二是认真学习习近平总书记系列重要讲话精神，将习近平新时代中国特色社会主义思想贯彻落实到护林管护的行动中，深入贯彻落实党的路线方针政策、拥护中国共产党领导，在政治上、思想上、行动上与党中央保持高度一致，模范遵守各项规章制度，不断提高自己的政治素养；三是不断学习法律法规，严格落实管护职责。麦麦提·麦提图隼同志深知，只有在与时俱进的思想指导下，一个人的认识和素质才会不断提高，行为也才能与时代同步，与社会同步，与发展同步。正因为如此，他严格要求自己，认真学习思想理论方面的知识，抓紧一切时间学习森林法律法规，《中华人民共和国森林法》《中华人民共和国森林法实施细则》

《森林防火条例》等法律法规熟记于心，掌握了林业和草原相关知识和技术，真正做到依法办事不出问题，执行政策不出偏差，使工作思路清晰，处理问题更得心应手，为自己今后的工作打下良好的基础。

为全面履行好生态护林员职责，麦麦提·麦提图隼在提高理论水平的前提下，不断加强业务技能学习，努力提高业务工作能力。一是加强业务技能学习，提高业务工作水平，强化职责范围内的森林管护面积的巡护工作；二是不断学习特色林果业管理技术，利用自家的 5 亩果树面积进行实践，提高果树管理水平；三是积极参与县、乡、村三级举办的各种技术培训，不断充实自己；四是勤学习、善学习，采取理论实践相

结合，将看到的、学到的全部记在随身携带的手抄本上，通过不断地学习、实践、融合，形成自己的心得，运用在实践管理当中。

勤奋敬业，甘为林草工作作奉献。麦麦提·麦提图隼在工作中从来不向困难低头，任劳任怨，把巡护当事业干，为林草发展作贡献。在他的管护下，他负责的500亩森林面积长势良好，从未发生森林火灾、有害生物危害等情况，他的管护责任区比别人管护的质量要好，整理得更干净，修剪更到位。生态护林员的职责是管护500亩、每月巡护8~10日，确保管护面积的森林发展质量，但是麦麦提·麦提图隼把巡护工作当职业干，一年365天，无论是刮风下雨还是烈日炎炎，只要有时间他都坚持巡逻，巡护面积大、路程远，有时麦麦提·麦提图隼就带一些馕饼和水当作午饭，在路上简单休息就继续巡逻，巡逻工作日内每天都要行走几十公里路。在他的带领管护下，全村12名生态护林员管护的5800亩林地得到有效保护，同时带动全镇100余名生态护林员对5万余亩森林科学管护。

麦麦提·麦提图隼对自己要求十分严格，从事管护工作2年以来，每天早晨10点准时到管护区域对全乡144名护林人员点名，之后认真安排巡逻、修剪、病虫害防治等任务。每个管护点的管护员坚持每天巡护，管护好各自的责任区，并认真登记巡护情况，在巡逻过程中，发现任何损害森林资源的行为，立即制止并及时汇报。生态管护的工作让麦麦提·麦提图隼慢慢变成了“林业专家”，他对自己的工作充满热情，还积极学习和参与林政资源管理、森林病虫害防治等工作。

麦麦提·麦提图隼是一个爱学习、勤钻研、做事认死理的人，遇到问题一定要想办法琢磨透，才能安心，否则吃不好、睡不着，正是他这种精神，督促他不断学习、不断向前，成为生态护林员队伍致富带头人。这2年多的生态护林员工作中的管护、实践、学习，使其掌握了林业管理过硬的本事，先拜巴扎镇的农民都亲切地称他为“土专家”，哪家核桃出现异常情况，首先想到的就是叫麦麦提·麦提图隼到自家地里面看看，怎么解决；也正是这过硬的本事，使他家的5亩核桃园从此前的粗放式管理完成了向精细管理的转变，核桃产量也由当初的亩产不足100公斤，到亩产达200公斤的提升。

2019年麦麦提·麦提图隼听说县上为全面促进林果业机械化管理进程，准备给全县29个村配备果树管理机械设备，他第一时间到村委会，要求村里申请一套管理设备。当设备配备到位之后，麦麦提·麦提图隼找到镇农村经济办公室的负责人，积极协调争取，成为了仅有的两套林果管理机械设备其中一套的承租人。他积极组织村里的生态护林员成立了果树管理专业合作社，合作社在全镇范围内从事林果业管理服务，按照“五个拉网式”技术管理要求，每亩果园收取服务费120元，一年下来他和他的团队至少要完成3000亩的管理工作，合作社年收入到近50万元，团队的所有人员人均收入在2万~3万元以上，都顺利脱贫，逐步走上了致富的道路。同时，通过合作社的管理服务，先拜巴扎镇林果业管理上了一个新台阶，果农的收入明显增加，更为重要的是果农通过合作社的服务，让果农家至少释放出一个劳动力外出就业，对全镇脱贫致富起到了积极的推动作用。

惠民措施受益人，党的政策宣传者。麦麦提·麦提图隼是在党的惠民政策帮扶下，通过自己勤劳的双手，过上了富裕幸福的生活，用他自己的话说:“我是在党的优惠政策帮助下，才过上了今天的幸福生活。”他经常在工作之余看看新闻，学习党的政策，不断地充实自己的同时，利用工作之余的闲暇时间，给同事、亲戚、朋友宣传党的政策，鼓励大家学习政策，在政策的引导下，通过自己勤劳的双手、智慧的头脑改变贫困落后的现状，走上脱贫的道路。在他的宣传下，有2名生态护林员利用自己的一技之长走上创业之路，事业发展越来越好。

麦麦提·麦提图隼常说自己就像是森林里的“啄木鸟”，用自己的默默付出守护着家乡宝贵的林草资源，用自己勤劳的双手，带领父老乡亲摆脱贫困，走上致富之路。无论是烈日酷暑还是严寒风雪，麦麦提·麦提图隼年年如一日，守护自己的家乡，是他的这份坚守让天更蓝、草更绿、水更清。

最美生态护林员

汪咏生

W A N G
Y O N G
S H E N G

绿水青山的“忠诚卫士”

——安徽省岳西县汪咏生先进事迹

汪咏生，现年47岁，中共党员，现为大别山区腹地的安徽省岳西县古坊乡上坊村生态护林员。他始终把管护好一方森林安全作为自己的初心使命，认真履职尽责，以身作则，关键时候冲锋在前。人们时常看到他在林区、在堤坝、在检查哨卡、在救火现场……忙碌穿梭的身影，这个山区汉子以单薄而坚强的身躯，和他的同事一起护住了一方山清水秀，赢得广泛赞誉。

志愿护林，他坚持不懈。汪咏生打小对家乡的一草一木有着深厚感情。习近平总书记提出“绿水青山就是金山银山”，他更是打心眼里拥护，时时刻刻用实际行动践行这一伟大理念。汪咏生于2016年成功应聘为生态护林员。自此，无论寒暑，还是逢年过节，他都始终坚守岗位。他时刻牢记自己的岗位职责，自己管护区域的四至在哪里，区域里森林资源是什么样的情况，区域周边的环境情况怎么样，之前森林资源管护上容易出现哪些问题等等，他在正式来到护林岗位上不久就摸得清楚，做到了了如指掌；他上岗第一时间就与巡护区域对应的林长取得了联系，主动打通了“林长”与“护林员”之间的最后一公里。他经常说，“护林员”关键是要把“防”放在第一位，防好了，森林就安全了。他是这样说的，也是这样做的。始终把防火宣传和值班当成了自己最日常的工作，已记不清每年值了多少班、跑了多少路、进入多少家开展面对面宣传。严寒酷暑他都坚守阵地，过年过节也很少能陪家人安安稳稳吃顿团圆饭。当地群众称他为上坊村森林资源的“守护神”。

勤奋好学，他自学成才。汪咏生深知，要想当一名优秀的护林员，在做好日常巡护，积极做好“防”的同时，还必须熟练掌握一些必备的森林防灭火技能，学会使用一些简易的森林防灭火器材。这样在关键的时候就能够派上用场，做到森林火情第一时间发现，真正实现“打早、打小、打了”。为了尽快掌握日常护林防火基本常识，他积极参加县、乡举办的有关护林防火知识培训班，做到了一期不落。他还经常利用网络等多种手段自学防灭火技能，遇到难点疑点就去请教森林防火方面的专业人士，并在平时主动参加县乡组织的森林防火演练，以提高自己的实战能力。现在，他已经能够熟练掌握一些基本防灭火技能。他还自学掌握了一些森林灭火器材的维修技能，人们都说他是森林防火的“土专家”。

关键时刻，他勇往直前。在森林防火期，他保持电话 24 小时畅通，严格服从乡村统一指挥，做到随叫随到，第一时间赶赴险情现场。这几年，无论是辖区内的零星火点，还是周边辖区的应急调度，只要有火情，汪咏生总能第一时间赶赴火情现场，听从现场指挥，不顾自身安危，积极参加抢险救灾。磕磕碰碰、擦伤烫伤更是常有的事，他从没有抱怨过。2020 年春节前后，新冠疫情暴发，因上坊村地处安徽、湖北交界，村民平日与湖北亲戚交往频繁，防疫任务艰巨。关键时刻，汪咏生挺身而出，冲在疫情防控第一线。他拿着护林员配发的“小喇叭”，挨家挨户动员大家行动起来，齐心协力守卫自己的家园。他白天到村组卡点宣传值守，晚上还在通往湖北的主检查站值夜班，连续两三个月，人瘦了一圈，确保了上坊村“零疫情”，大家安然无恙。2019 年的非洲猪瘟防控，上坊村是一个重要的省际卡点，任务重、时间长，汪咏生也是主动请缨，带着一帮人在卡点日夜坚守，长达半年之久。

不忘初心，他无私奉献。汪咏生从入党第一天起，他就认真践行党员的义务，以奉献为使命。他常说党员就是要带头，要吃苦在前、享乐在后。乡村环境整治、设备维修、水利管护等一些公益性工作，他总是一声不响去主动承担；家长里短、邻里纠纷，大家都愿意找他，他也不厌其烦地去劝说调解；支部活动、党员组织生活，他更是从不缺席，还经常在村里宣传最新的中央精神和方针政策。作为一名党员，他时刻不忘初心，争当脱贫攻坚先锋，带领群众共同致富。汪咏生因妻子患病和两个孩子上学经济困难，2014 年成为建档立卡贫困户，随着脱贫攻坚的深入推进，特别当地加大产业扶贫力度，燃起他发家致富的希望，也坚定他作为一名党员要带领群众致富的决心。2018 年在乡政府和村委会的支持下，他联系一些贫困户牵头成立优质稻米种植合作社，通过土地流转、合作经营、自种代销等方式，吸引了 120 户农户加入合作社。合作社与安徽张海银基金会、荃银高科股份公司建立长期帮扶关系，为村民无偿提供优质种子和有机肥料，指导农民科学种田，降低能耗，提高效益。过去种植水稻每亩收入不足 1000 元，现在一下子提高到每亩 2000 多元，全村优质大米的年产 100 万斤，加入合作社的贫困户户均增收 3000 元以上。由于实行规模化经营，合作社每年还需要聘请大量的生产管理人员，仅务工这一项就有 3 万 ~4 万元收入。

汪咏生，作为一名生态护林员，他恪尽职守，任劳任怨，不愧为绿水青山的“忠诚卫士”；作为一名共产党员，他无私奉献，始终冲锋在前，充分发挥了先锋模范作用；作为新时代的农民，他积极投身并带领邻里乡亲发家致富，成为了当地脱贫致富的带路人。

最美生态护林员

李玉花

LI YU HUA

独龙江畔行走的彩虹

——云南省贡山县李玉花先进事迹

按照习近平总书记“建设好家乡、守护好边疆”的批示，独龙江乡的生态护林员们长年穿梭在崇山峻岭间，守护着祖国近百公里的边境生态安全。李玉花就是他们中的一名独龙族“彩虹护林员”。

李玉花，独龙族，1987 年生，家住迪政当村熊当小组，家中共 5 口人，有劳动力的仅 1 人。在生态护林员政策的号召下，她积极报名，在 2016 年被聘用为迪政当村建档立卡生态护林员。

在此之前，李玉花家是典型的贫困户。由于家里穷，她小学二年级肄业以后就开始务农，家中有年逾七十的双亲需要照顾，还要供养尚读小学的两个孩子上学，无法外出务工，家庭人均收入不足 2000 元。劳动力文化素质低、缺乏技术等一系列原因导致一家五口生活拮据。自从 2016 年被聘用为建档立卡生态护林员，她领到了每月 800 元的补助，学历不高的她深知赚钱不易，自聘用为生态护林员后，她积极工作，认真学习林业法律法规、护林员管理办法及相关业务知识，积极配合护林员小组长的安排，不迟到，不旷工，在山高坡陡、异常艰辛的崇山峻岭中和队员们一起，攻坚克难按时完成巡山任务，认真登记巡山情况，巾帼不让须眉的她多次在护林员大会中受到表扬。她跟随小组长走访宣传 100 多次，张贴警示标语、标牌等 300 多张，为农户野生动物肇事受灾情况走访、照相、登记 80 多次，积极参加“怒江花谷”建设义务植树项目，努力做好管护区的动植物保护工作，积极配合乡天保所、管护站工作。

独龙江乡延边涉藏，全乡大部分又位于高黎贡山国家级自然保护区境内，固边任务繁重、生态保护区位重要，生态护林员在守护边境、自然保护区中发挥了重要作用。在2020年抗击新冠肺炎疫情工作期间，这支队伍积极参加到抗击新冠的战役中，参与守卡、巡查、宣传等相关工作中，作出了重大贡献。

2018年，李玉花家积极响应脱贫攻坚号召，在全村率先脱贫，为迪政当村整村脱贫起到了很好示范效果。因为她时常穿着独龙族特有的独龙毯做的衣服，被其他护林员亲切地称为“彩虹护林员”。

被聘用为生态护林员之后，经过多次政策宣传及学习，李玉花在思想觉悟上也有了很大的提升。从她的身上，激发出的强烈荣誉感和内生动力令人动容，每月稳定的工资收入，不仅让她燃起对生活的希望，更让她树立起战胜困难、摆脱贫困的斗志和勇气，坚定了劳动致富信心和决心。

在工作闲暇之余，她积极响应政府的发展政策，结合自身实际，实施林药、林菌、林蜂等产业扶持项目，自 2016 年开始在当地农林部门的扶持下，她家种植了 4 亩草果、2 亩黄精、2 亩重楼、3 亩茶叶、1 亩葛根。美好的生活靠双手，勤劳的她还利用自己所学的养蜂技术，一直在村里养蜂，到现在她已经成功养出了 10 多个蜂箱，加上每月 800 元的护林员补助及各项惠民补贴，家庭人均收入也从 2000 元增加到 8000 余元，真正实现了“一人护林，全家脱贫”。

独乐乐不如众乐乐，在全村率先脱贫后，李玉花没有独享发展产业带来的红利，而是利用近年所学知识和积累的经验，发动周边村民学习草果、黄精果、葛根、重楼、茶苗、养蜂等种养技术。在产蜜季节，她邀请村里有养蜂意愿的村民全程参与割蜜、过滤、出售等环节，让参与村名实实在在地感受发展产业带来的实惠。通过这些措施，带动多户周边农户参与产业发展。正是一个个像李玉花这样的农村脱贫致富领路人，带领着独龙江众多贫困户一道，在党和政府的坚强领导下，走生态发展之路共享生态红利，以生态脱贫助推脱贫攻坚大业。

最美生态护林员

吴树养

W U
S H U
Y A N G

让平凡的人生在护林工作中闪光

——湖南省汝城县吴树养先进事迹

吴树养，瑶族，现年48岁，小学文化程度，2015年列为建档立卡贫困户，2017年聘为九龙江森林公园九龙瑶族村生态护林员。他牢记护林员使命，认真履行职责，危急时刻总能够冲锋在前，为九龙瑶族村的护林事业作出了突出贡献，确保了林区平安，被群众誉为“绿水青山的守护者”。

爱岗敬业，掌握林情不留死角。吴树养凭着一双铁腿，跑遍了九龙瑶族村林区的角角落落，每一条山梁，每一道山沟，每一片林地，对每个林班，每个小班的地理位置、面积、林木种类及地形地貌、森林资源状况等都了然于胸，被村民誉为林区的“活地图”。

走农串户，宣传知识全覆盖。在森林防火期间，为保森林资源安全，维护森林资源秩序，吴树养不断通过宣传入手，通过书写、张贴标语、树立标牌、发放森林防火村规民约、走家串户等多种形式，对周边村民进行林业政策和法律法规的宣传。通过耐心细致巡护工作，自己所管护森林资源历年来没有一起火情火警发生，使广大农民群众逐步提高了爱林护林和保护生态的意识，在林缘村组中形成了保护绿水青山的浓厚氛围，为生态护林工作顺利开展奠定了坚实的群众基础。

不畏辛劳，防火巡逻坚持常态。九龙瑶族村是九龙江森林公园防火工作的重中之重，护林员每天都要到全村各个村落开展巡山防火。为更好落实责任，吴树养每天清晨天刚亮就拿上喇叭，骑上摩托车，沿着山路一边啃干粮一边用喇叭喊话宣传，等太阳出来，他已经走遍了辖区内

的几个自然村。2020 年 4 月 2 日，九龙瑶族村中山组一户家里正在办丧事，要焚烧大量的纸钱，坟地正好位于片林边缘。吴树养巡查时正好遇到了，这下可把他给难住了。这不管吧，引发火灾后果不堪设想；这管吧，村民不理解，怎么办呢？他想来想去决定还是要坚决管住。他动员其他生态护林员一起来协助值勤，主动与当地村民协商，晓之以理，动之以情，说服他们远离片林焚烧纸钱燃放鞭炮，他自己一直守候在现场，直到丧事办完为止。

身先士卒，危急时刻冲锋在前。为增强救火应急能力，九龙瑶族村选拔了一部分身强体壮的青年组成了民兵应急分队，吴树养自告奋勇成为了民兵应急分队队员，果敢地承担起救火队员的重任。2019 年国庆节，在附近的三江口村大山上冒起阵阵浓烟，顿时引起了县、镇领导的高度关注，九龙江森林公园管理处领导当即命令九龙瑶族村应急分队开往事故现场救火。吴树养接到命令后扔下饭碗，飞奔现场，可到了山脚才发现，这里山高林密，坡陡路险，人迹罕至，从山脚到山顶没有公路，全是崎岖的山路，很多地段根本就没有路。这下人们可犯愁，怎么办？危急时刻，吴树养站出来了，他对在场的领导说："火灾就是命令，行动刻不容缓，我对这里的情况比较熟悉，还是让我带几个人上吧。"管理处领导思量再三，同意了吴树养的请求，并派了应急队员陪同前往。刚达到事故现场，顾不上休息，他就组织人员立即投入扑火工作，因为扑救及时，火灾很快被扑灭。除此之外，吴树养还多次参加了文明乡、三江口镇、庐阳镇的救火行动，每一次他都冲锋在前，休息在后，为护林防火工作立下了汗马功劳，赢得了领导和群众的一致好评。

致富不忘贫困户。2017 年成为生态护林员后，吴树养利用自己林地多、耕地少的现实情况，通过请教当地林农专家，最终选择种植白毛茶，并在林下养殖蜜蜂、鸡、鸭等。通过自己的辛勤劳动，如今每亩林地每年纯利润达 30000 元，吴树养的生活越来越红火。"独木不成林"，善良的吴树养想带领更多的人一起脱贫致富，他利用自己的技术优势和市场优势，联合当地贫困户通过土地入股、务工入股，贫困户获得的利润约占总利润的 60%。通过一系列措施，带动当地群众的年人均纯收入达 80000 元，赢得了当地群众的一致好评。

最美生态护林员

岳定国

YUE DING GUO

定国大变样了

——山西省平陆县岳定国先进事迹

岳定国，汉族，中共党员，现年 53 岁，平陆县洪池乡南王村人。2016 年确定为建档立卡贫困户。2016 年全乡招聘贫困户生态护林员时，经个人申请、村委会推荐、乡政府审核、县局复核后，被聘任为生态护林员，经培训后于 2017 年 1 月 1 日上岗至今。

参与管护工作前，岳定国因妻子患病、子女还要上学，日常开销较大，导致对生活失去了信心。被聘为生态护林员后，岳定国有了一年 10000 元的管护劳务费，让他重新燃起了生活的信心。护林员责任不小，上任伊始，由于对林区情况不熟，他就和同事一起深入到群众家中，认真细致了解山情、林情和村情，坚持每天巡山查林，跑遍了辖区

的每一条山梁、每一道山沟、每一片林地，对每个林班、每个小班的地理位置、面积、林木种类等都熟记于心。

在 4 年的管护工作期间，岳定国对邻近林区和村庄的放牧人员、田主、坟主和智障人员全部进行登记造册。虽然文化不高，但他做事认真，每年都要挨家挨户上门宣传森林法、森林防火知识并进行耐心讲解，使广大村民逐步提高了爱林、护林和保护生态环境的意识，在该村形成了保护森林资源、警钟长鸣的浓厚氛围，为护林工作的顺利开展奠定了坚实的群众基础。经考核，岳定国每月巡护在 25 天以上，GPS 巡护平台达标率 100%，巡护日记规范。在他付出辛勤工作后，管护区域内再没有牛羊啃食的痕迹，再也没有了村里老百姓采药的身影。

对生活充满信心的他，在巡护任务完成以后，重新拾起了家里的农活，利用护林员工资购置化肥种植苹果树，如今家里的外债已经还清。用他的话说，如果没有参与生态护林工作，没有每年 10000 元的管护劳务费，就没有现在的他。全村人都说“定国大变样了”。

岳定国尽心尽力、尽职尽责，深得领导和群众的一致好评。他经常说:“干一行爱一行，咱们干生态护员，就要对得起这项工作，守护好我们身边的这片绿色。”

最美生态护林员

庞金龙

P A N G
J I N
L O N G

坚信未来一定会过上好日子

——内蒙古自治区突泉县庞金龙先进事迹

家住内蒙古自治区兴安盟突泉县六户镇和胜村的生态护林员庞金龙，现年 56 岁，因家庭贫困于 2017 年被聘为建档立卡贫困人口生态护林员。

说起生态护林员工作，庞金龙非常熟悉。成为建档立卡贫困户前，庞金龙干了多年的护林工作，也就是俗称的“看青”。新身份干着老职业，内心充满了热情，他每天都巡逻在管护区内，“没办法，身体不好才成了贫困户，成为护林员让我找到了自信，发现自己还是能干点啥，我一定要把它干好。”庞金龙是这么说的，也是这么做的，他始终认为

通过自己的努力，一定会照顾好自己的家庭，会把日子过好。生态护林员政策的实施，让他看到了希望。

和胜村是农业大村，退耕还林等造林项目多，禁牧任务也比较艰巨。仅 2017 年，庞金龙就及时劝阻放牧人员 70 多次。多次上门宣传政策，敢于啃硬骨头，随时留意辖区内放牧的牛群、羊群，对那些思想顽固、不听劝阻的放牧户，庞金龙在做到及时劝阻、宣传有关政策的同时，不忘报告森林公安和乡政府有关部门，切实做好巡护工作。在他的带领下，和胜村护林员队伍会巡护、能扑火，成为镇政府、林业站最为得力的队伍之一。

2017 年 4 月的一天上午，正常巡护的庞金龙发现一辆白色轿车从刘屯黄土坑山上急冲下来，奔屯里疾驰而去。他立即觉得不对劲，马上开三轮车去查看，发现柠条旁的坟地因上坟起火，已经引燃了周边林地可燃物，借助风力，火势不断扩大。庞金龙立即报告村委并组织护林员作为第一批救火人员上去扑火，经过护林员们的奋力扑火和村委的精心组织，中午 12 点左右，明火扑灭，火情得到了有效控制。正是庞金龙的及时发现，为扑灭火灾奠定了基础。明火扑灭后，庞金龙带领队员打扫火场，又经过半天的看护确认火情完全熄灭后，庞金龙才带队撤离。

2018 年 5 月 2 日，庞金龙发现荆家屯垃圾场起火，他立即组织队员到现场进行灭火。由于火场环境复杂、可燃物多，当天的风势较大，不适合人工扑灭，庞金龙就组织护林队伍在火场外围进行看护，防止火场进一步扩大。直到村里出动铲车等机械设备扑灭火后，庞金龙又组织队员在火场看护了一天，确保火情不再反复。

生活中，巡护时，庞金龙总是笑呵呵的，为人处世憨厚实在，对工作和生活充满热情，生活的困难没能打倒他。他坚信，通过自己的努力，未来一定会过上好日子。

最美生态护林员

陶久林

TAO
JIU
LIN

在平凡的巡山管护岗位带领群众脱贫致富

——陕西省商南县陶久林先进事迹

家住秦巴山区腹地的陶久林，现年42岁，自2017被选聘为生态护林员以来，勇于争当森林资源的“守护者”，甘于争做帮助群众的“贴心人”，在平凡的巡山管护岗位上，讲述了既率先致富又带领群众脱贫的生动故事，先后荣获商洛市优秀生态护林员、陕西省首届“最美生态卫士”。

他勤奋好学，力争变成生态保护的“土行家”。自从选聘为生态护林员，陶久林便把学习放在首位，认真学习林业知识，积极参加各种培训，很快熟悉了《中华人民共和国森林法》《森林防火条例》等林业法律法规，明白了护林员工作职责、具体任务和有关要求，清楚了如何巡山管护、如何处理具体问题，同时把护林员岗位职责牢记于心，把林业法律法规、有关政策及林业知识讲给群众听，争取群众的支持与理解。由于自身的好学和钻研，很快便由一无所知的“大老粗”变成了有模有样的“土行家”。

他立足本职，勇于争当森林资源的“守护者”。自从当生态护林员的第一天起，陶久林便把巡好山、护好林、管好资源作为自己的神圣职责，并立志做一名合格的山林“守护者”。他管护的责任区面积大，交通条件不太好，管理比较困难，但他从不怕苦、从不怕累、从不怕难，每月平均巡山23天以上，特别是在森林资源管理的关键期及森林防火戒严期，他几乎天天在山上，发现有砍树的马上问是否有采伐许可证，教育他们不能乱砍滥伐；遇到烧地边的，立即制止并把森林防火“十不

准”条例讲给他们听；遇到清明节、春节上坟祭祖的，他户户宣传，注意用火安全，倡导文明祭祀；遇到陌生人进村，首先问他干什么，并告知他不能带火入山，不能收购林木，禁止乱捕乱猎。自从当护林员以来，他的责任区没有发生破坏森林资源行为，林区资源越来越好。

他带头致富，甘于争做群众邻居的“贴心人”。陶久林责任心强，公益林补偿户有的信息错误、人不在钱打不出去，他想尽一切办法在第一时间联系到本人，把错误信息进行更正，把钱及时付给群众。他自我要求严格，将自己视为贫困户中的“带头人”，积极参与全市开展的生态护林员“三个一”创建活动，带头学习中药材种植及香菇种植技术，带头种植桔梗 4 亩，种植袋料香菇 4 万多袋，积极参加核桃种植合作社，发展良种核桃 2 亩并学会了核桃高接技术。通过自己的努力，2018 年家庭收入达 3 万多元，人均纯收入达 8000 元以上，提前脱了贫。陶久林致富不忘村里人，带领村里群众和邻居积极发展香菇种植，免费给他们进行技术指导，为邻居嫁接核桃，提供市场信息，解决生产困难，村里一大批贫困群众通过发展产业致了富。

最美生态护林员

贾尼玛

JIA
NI
MA

心系松多　坚守大山

——青海省互助土族县贾尼玛先进事迹

穿越山岭，以山为家，以林为伴。虽从事森林管护员只有 4 年的时间，但他却选择了这里面积最大、交通最为不便、地形最为复杂的山区，默默无闻地奉献着自己的青春，换来了近 10 万亩山林无火灾。他就是青海省互助土族县松多乡松多村生态护林员贾尼玛，一个心系松多、扎根深山的“护绿使者”。

贾尼玛，1970 年生，藏族，家中人口 4 人，2015 年识别为建档立卡贫困户，现任松多林区生态护林员，管护区域为科胜片区西卡戳。自成为林场生态护林员以来，贾尼玛以高度的责任心和义务感，紧抓森林资源管护工作不放松，依法治林、依法护林，确保了林区森林资源的稳定，为保护林场森林资源作出了积极贡献，得到了领导和同志们的好评。

松多林场位于互助土族自治县，属半浅半脑山地区，林区海拔最高 4265 米，最低 2500 米。林区内科胜区域面积大，海拔高，道路崎岖，条件十分艰苦，这里也是林区的主要绿色屏障。在分配管护区域时，几乎没有一个人愿意到这里，贾尼玛却说道：“作为一名护林员，都是靠山吃山，这山可是我们的生命线呀！如果大家都不去这片地方，那家园怎么能守护好呢？你们不去，我去！。”于是，他便毫不犹豫，把科胜的每一片山林当成了自己的心肝宝贝。只要天气晴好，他就每天坚持巡山，一去就要一天，走 30 里山路是常有的事，伴随在身上的只有一个矿泉水瓶和那顶磨破了的鸭舌帽，忍受着常人难以忍受的孤独寂寞、艰

难困苦。由于林场护林员工作的特殊性，他长期与家人不能团聚，更别说享受法定节假日和双休日了。妻子和儿女经常埋怨他，他却默默承受着离别之苦，视工作为生命，经常吃在山里，风餐露宿、跋山涉水，穿荆棘，吃干粮。妻子开始并不理解他，还到林场反映过相关情况，可是当看到自己的丈夫为了守护山林做的所有工作和他守山坚毅的眼神，妻

子最终还是选择了支持他。对于工作忙碌的贾尼玛而言，家人的理解和支持是他坚强的后盾。爱林胜爱家，一心扑在护林上，却从没有向组织提过任何要求，也从没有要求得到任何回报。

4 年来，贾尼玛不忘初心、牢记使命，不管任何时候都能兢兢业业，勤勤恳恳，任劳任怨，不计名利得失，服从安排，顾全大局，并踏实地完成了组织交给的各项任务。所管辖区域没有发生过一起森林火灾，确保了林区森林资源安全。他把最美好的青春献给了林区事业，在平凡的岗位上做出了不平凡的业绩，也为自己多年来从事的这份工作绘下了美好的绿色画幅。

最美生态护林员

高玉忠

G A O
Y U
ZHONG

不怕苦不怕累
一直冲在护林防火最前线

——河北省阜平县高玉忠先进事迹

护林防火、人人有责，这是护林人的铮铮誓言，也是他们工作、生活的写照，高玉忠就是护林人中的普通一员。

高玉忠，现年 49 岁，阜平县天生桥镇龙王庙村人，2017 年至今担任龙王庙村生态护林员小队长一职，责任区管护覆盖 10 个自然村。近几

年来，他所管护的责任区没有发生过任何一起乱砍滥伐、森林火灾现象，更没有乱捕野生动物现象，有效地维护了责任区林业资源的正常发展。

他时时处处严格要求自己，发扬不怕苦、不怕累、艰苦奋斗、勇往直前的作风，以饱满的热情，投入到了护林的工作中，一干就是好几年。在刚走上生态护林员岗位的那段日子，由于缺乏林业专业知识，他在工作中走了不少弯路，但他却凭着坚定的信念和自己的勤奋好学，带头学习林业政策法规、基础知识和林业工作的基本规律，先后学习了森林法、森林防火条例等，并做好自学笔记，经常与同事们一起开展讨论，提高业务能力。对林区情况不熟，他就和同事一起深入到群众家中，认真细致地调查了解山情、林情，坚持每天巡山查林，跑遍了辖区的每一个山头、每一道山沟，每一片林地，面积、地形地势等都熟记于心。2018 年天生桥镇红草河村发生火灾，知道消息后，龙王庙护林队在高玉忠带领下迅速赶到现场，立即开始扑救。高玉忠冒着生命危险一直冲在灭火的最前线，直至大火扑灭，维护了人民生命财产安全，得到了上级领导和群众的认可。

林区林草茂密，可燃物量大，火险等级高。为确保森林资源安全，他和同事们从宣传入手，通过书写、张贴标语，树立标牌，发放公约，走家串户等多种形式，对村民进行林业政策、野生动物保护和法律法规的宣传。每年的清明节、“五一”、“十一”，有上坟烧纸的习俗，极易引发森林火灾，高玉忠就带领护林员下村入户，深入林区写标语，宣传林业防火常识。每到森林防火期，他便在进山路口设立防火检查值班点昼夜值班，严格落实入山登记制度和各项防范措施。通过耐心细致的工作，广大村民逐步提高了爱林、护林、保护野生动物的意识，为护林工作奠定了坚实的群众基础。高玉忠多次获得天生桥镇护林防火工作嘉奖。

最美生态护林员

海明贵

HAI
MING
GUI

守护绿水青山终身无悔

——宁夏回族自治区彭阳县海明贵先进事迹

海明贵，回族，中共党员，现年 57 岁，小学文化程度，2017 年被选聘为宁夏回族自治区固原市彭阳县白阳镇崾岘村生态护林员。由于工作认真负责，敢于担当，无私奉献，工作出色，2018 年被聘用为崾岘村生态护林员队长。

海明贵一家 4 口人，父母都有残疾，本人及妻子在家务农。他自小在白阳镇崾岘村宋家洼林区长大，对那里的一草一木有着浓厚的感情。2017 年经本人申请，海明贵被聘为崾岘村生态护林员。对于这个在家门口就业的“铁饭碗”，老海心里十分地感激：“政府选聘我当生态护林员，本身就是对我一种莫大的信任，每年还给 1 万元管护费，既让我发挥了价值，又不耽误家里的农活，这个政策真的是太好了，一定要把这个岗位的工作做好。”他是这样说的，也是这样做的。从工作的第一天起，海明贵就把保护家乡生态环境作为自己应尽的责任，全身心投入到崾岘村的护林防火事业中。作为一名党员，他时刻严格要求自己，身正为范，发挥模范带头作用，无怨无悔地完成本职工作。作为一名队长，他不仅要管护自己辖区的 500 余亩林地，还要管理其他护林员在岗情况。他几乎每天早上 6 点出门，除了巡逻自己负责的片区，还要去其他护林员的片区看看，多半时间两头都见不到太阳。但他却像一个上满发条的时钟，满是皱纹的脸上永远洋溢着笑容。“拿着一点微薄的收入，骑着自己的摩托车，有可能 1 万元的收入一年基本跑完。彭阳的山更绿，天更蓝，树长得更旺，生态明显改变，正是有像海明贵这样尽心尽力的生态护林员做着无私的付出和贡献。”白阳镇林业站站长如此评价他。

3 年来，他走遍了嵕岘村的每一户人家，上门宣传森林防火、封山禁牧政策；跑遍了宋家洼每个山头、每条小沟、每一处细小的隐患点。2017 年护林至今，他所在林区没有发生一起森林火灾，没有一起乱砍滥伐林木现象，更没有乱捕野生动物现象。一旦发现有人偷牧，他也比其他护林员更严厉一些。2018 年 6 月的一天，海明贵在巡山时，看到村里一位邻居家的孩子将羊赶进了林区。海明贵劝说无效，便拍下了照片，发在了微信工作群里。这一下，可惹恼了那位邻居。邻居对老海的儿子说：“政府给你爸多大的官，管这么多的事。”老海对儿子说：“政府聘我为生态护林员，我就要担起责任，封山禁牧，保护森林，人人有责，哪里有羊，我就要赶到现场，让放羊的人将羊赶回家，绝对不让放，不管是谁都不答应。”刚开始护林时很多乡亲不理解，海明贵不做过多解释，仍旧每天按时巡山。但他给儿子反复叮咛，“打铁先要自身

硬，做儿子的一定要把自家养的牛羊看好，支持父亲的工作。”

让海明贵倍感欣慰的是，近 2 年，人们的思想意识不断提高，护林员的巡山压力也比以前小了一些。但进入防火期，又有了另一项非常重要的工作——防范火灾。白阳镇黑窑滩宋家洼林区离公墓近，每年春节和清明节，林区的防火形势十分严峻。2018 年冬天，持续一个月没降一点雪丝儿，天气干冷，西北风卷着林区里的枯草落叶打着旋儿，吹到人脸上就像刀子划过似的。眼看着扫墓的人越来越多，为防止林区失火，海明贵带着几名护林员守在那里，有人扫墓，他们就远远地站在一边。一直守到晚上，扫墓的人全部离开，他们才拖着僵硬的腿脚返回。

一路风雨一路歌，海明贵 3 年来用他保护家乡森林生态资源的初心、强烈的事业心和责任感，将自己的汗水奉献给了宋家洼林区这片绿色事业，在平凡的生态护林员管护工作岗位上，踏踏实实做事，取得了显著成绩，赢得了赞誉和肯定，多次受到宁夏广播电视台、《宁夏日报》等主流媒体的采访和追踪报道。

最美生态护林员

黄永健

HUANG YONG JIAN

带动老百姓一起富才算活得更有意义

——重庆市城口县黄永健先进事迹

黄永健，现年 46 岁，重庆市城口县明中乡云燕村人，2017 年担任生态护林员至今。

“村委当时看我比较贫困，又经常出入山林去种药材，就到家来宣传护林员的政策，我立刻就写了申请。”明中乡贫困户黄永健回忆起做护林员的经历：“我种药材从东边上去，回来时走另一条路，来回有近 10 公里山路，西边的林子顺路也就巡视了，种地巡山啥也不耽误。”近 1000 亩的管护林地，黄永健搁上几天就会走上一趟。

在当选护林员前，黄永健一家人靠勤勤恳恳种苞谷、洋芋以及中药材，农闲时打零工维持生计。苞谷、洋芋自食，中药材价格有波动，

务工时有时无，收入不稳定，家庭人均年收入不到 3500 元，日子过得紧巴巴的。当选上护林员后，种地护林两不误，投入同样的时间精力，多了一份稳定收入，加之现在妻子又在乡中学、小学从事炊事工作，2020 年，黄永健家庭收入达 5 万多元，5 口之家的生活有了保障。

核桃作为明中乡脱贫致富的领军产业，该乡有核桃资源近 2 万亩，但由于缺乏管理技术，核桃产量并不高。黄永健明白核桃的丰产丰收跟老百姓的增收息息相关。他主动学习了核桃病虫害防治，每天的主要工作除了巡山护林，就是指导村里老百姓对退耕还林的核桃树进行病虫害监测、防治、修枝整形等。他在巡山之余，每年自发组织老百姓十余次的业务培训，把自己所学和实践经验毫无保留地宣传给大家，及时提醒群众进行病虫害防治、修枝整形，提高核桃产量、品质，增加农户收入，赢得群众一致好评。同村的贫困户杨安国对黄永健很佩服："多亏了老黄的指导和提醒，我以前给核桃树修枝整形都是镰刀伺候，对病虫害防治重视不高，导致核桃产量品质都不高。今年在老黄的及时细心的指导下，我及时开展核桃病虫害防治工作，核桃丰收了，实现了核桃上万元的收入！”

黄永健说：“一人富，不算富，要带动更多的老百姓一起富才算富，自己才活得更加有意义。”他带领村里面其他护林员一起守护山林，用实际行动将党和政府的富民政策植入老百姓心田，在脱贫攻坚路上实现了自己的人生价值。村里都夸奖他们：“不仅巡护森林树木，青山绿水，是护林员；还剪枝嫁接，学技传技，是技术员”。

最美生态护林员

蓝先华

LAN XIAN HUA

大山最美的守护者

——江西省遂川县蓝先华先进事迹

在苍郁的群山间，闪烁着一个绿色的身影。每天早晨，他骑上摩托车，向着山路轰鸣。顺着溪流冲出的沟壑，他徒步扎入大山深处，耳畔只余风声、水声、鸟啾虫鸣声。每当他带着满身的汗水回家，脱掉那件标志着身份的绿色马甲，已是夕阳在山，暮鸟归巢。

他就是生态护林员蓝先华，江西省遂川县五斗江乡庄坑口村的一名畲族小伙子。蓝先华不善言辞，眼神却笃定而沉毅。几亩薄田，一些搬砖、挑货、做零工的活计，曾是蓝先华全部收入的来源。两个孩子患有先天性心脏病，几乎要将他的家庭击垮。2014 年，蓝先华被村里列为建档立卡贫困户。

大山“活地图”。走出家门，抬眼便能望见四周的青山。蓝先华打小便在这山里成长，摘野果、饮山泉。“在这山里，我就是一张‘活地图’。”对于大山，蓝先华充满骄傲。然而，这山，也确实成为他们一家贫穷的根源。没有铁路，没有高速公路，从家里到遂川县城，车程要一个半小时。连绵的群山，阻碍着罗霄山脉下人们追寻富裕的步伐。

蓝先华从来不敢想象，竟是这再熟悉不过的青翠山峦，让他终于摆脱了贫困户的帽子。2016 年，一封面向建档立卡贫困户选聘生态护林员的通知，来到了村里。蓝先华报名后，通过层层选拔，最终如愿当上了一名生态护林员，负责管护村子里 4300 亩的森林。他的生活，从此与森林更加紧密地连在了一起。

一条长约 9 公里的羊肠小道，穿行在群山之间。山路两侧茂密的丛林，就是蓝先华需要每天巡护的山林。从家里出发，水泥路变成了砂石路，砂石路变成了泥巴路。他不得不停下摩托车，背起背包，拿上长柴刀，蹚溪越涧，向着青山腹地走去。

庄坑口村与井冈山市黄坳乡相邻，出门就是大山，森林资源十分丰富，林业是当地主导产业。他需要提防任何对这片大山和山中的生灵图谋不轨者，他要制止侵占山林乱砍滥伐、私自采砂采石、盗猎野生动物、损毁古树名木的行为……

“若是有人在这山里盗伐了树木，那么留下的痕迹一定逃不过我的眼睛。”蓝先华锐利的双眼，扫视着莽莽山林。铺满落叶的山路上，他的步伐并不快，却持续不停。路段崎岖，颠簸不止，山路弯弯，大多数的羊肠小道只能步行，从早上 9 点到下午三四点，他每天要在山里巡查六七个小时，走上二三十里。线路上的最高峰，是与井冈山交界处的严岭嶂，海拔有 1488 米。

不论是烈日炎炎的盛夏，还是寒风刺骨的严冬，他从不间断，年巡护时间超过 300 天。身着绿马甲的他，是保护莽莽群山不受破坏的第一道屏障。

护林成效显。走遍了管护区域的山山水水、沟沟岔岔，对辖区内地形地貌、面积、树种、林龄分布等情况，蓝先华了如指掌。他在三溪组猫坑山场巡山中，发现了一片当地称为“海椤杉”的珍稀植物，面积有 10 多亩，他立即将这个发现报给林业部门。经过植物专家调查确认，这是遂川县第一处国家二级保护野生植物三尖杉分布群落，对研究野外珍稀植物分布有很高的价值。

五斗江大山里还栖息着丰富的野生动物，有赤鹿、毛冠鹿、水鹿、黄腹角雉、白鹇、藏酋猴、棘胸蛙等。蓝先华说，现在生态变好了，野生动物很多，有些人就盯上这些，放夹、放网甚至拉电，他对这些行为深恶痛绝，只要发现有夹子一类，他一定要清除干净，并报林业部门。

每次外出巡山，蓝先华都要全副武装——头戴安全帽，身着迷彩服，脚穿解放鞋，背着一个军用挎包（里面有军用水壶、饼干、手电筒等），摩托车上载一把砍刀。他说，“这既是方便开路，也是一种保护，想搞破坏的人一看我这模样就知道，护林员来了！”看得出来，生态护林员的工作和身份，让这位一直弯腰在贫困线上挣扎的畲族汉子挺起了胸膛。

拉起林工队。护林员的收入，是每年固定的 1 万元，并不算多。但随着国家对生态保护力度的加大，蓝先华在其中找到了更多创收的途径。遂川县龙泉林场五斗江分场就坐落在庄坑口村，通过和分场联系，他组建起一个以贫困户为主的团队，接下了对两千多亩林场进行造林抚育的工作。

这个 12 人的团队，已经固定运转了 4 年之久。平日里，他们对林场所植树木进行保护、芟杂。到了冬春季，则开展造林工作。每逢上工的日子，早晨 7 点半大伙儿便出发，分散在各个山头，工作十多个小时。下工回来，蓝先华还得骑上摩托车，在夜色中完成当天的巡山任务。

造防火线、炼山、挖坑、下肥、种苗、回填……每一道工序，都由蓝先华和同事们一锄一铲完成。2019 年，他们成功造林 267 亩。从林场拿到报酬后的蓝先华，给大伙儿算了个明白账：每位参与者每天的工资，是 147.8 元，他自己和大家拿一样的工钱。“大家信任我，才愿意同我干。本来钱也不多，如果我还在里面抽成，就对不起这份信任！”他憨厚地讲。

脱贫绿更浓。“前两年，乡政府还给我们发了黄桃种苗，我把家里的 6 亩荒山种满了黄桃，能收 1300 多斤！”坐在屋门口，蓝先华掰着指头算，脸上漾着笑意。“我在朋友圈打个广告，订单就一个接着一个。黄桃卖到五六元一斤，一亩的收益超过千元，光这一项就增收了六七千元！加上巡山的钱、造林的钱，去年我一共收入五六万元嘞！”

2016 年，蓝先华家脱贫，新房子也盖了起来。曾经使他贫困的大山，给了他最丰厚的回报。

5 年来，在生态护林员这个平凡的岗位上，蓝先华始终兢兢业业，管护的 4300 亩林子没有发生过偷盗和破坏珍稀野生动植物案件，得到主管部门、乡政府、村委的信任和村民们的一致好评。

在遂川，正是有 1106 名像蓝先华一样的生态护林员尽心护佑着 386 万亩的青山绿水，全县的森林覆盖率稳步提升，从 2015 年的

78.5% 增长至 2019 年的 79.07%。2020 年，全县林下经济总面积 16.36 万亩，产值达 5.8 亿元，实现了“绿”“利”双赢。

山风阵阵，山路弯弯。越来越多的绿色身影，浮现在遂川大地一望无际的林海当中……

最美生态护林员

曾玉梅

ZENG YU MEI

每天徒步 40 多公里巡护风雨无阻

——黑龙江省青冈县曾玉梅先进事迹

曾玉梅，汉族，现年 46 周岁，黑龙江青冈人，家住有利村耿家屯，家中 4 口人。由于家庭经济困难，2013 年申请列入建档立卡贫困户，2018 年被选聘为有利村生态护林员。3 年来，她凭借着朴实执着的顽强性格、高度负责的敬业精神，舍小家为大家，坚守岗位、无怨无悔，放下 2 个正在上学需要照顾的孩子，每天徒步 40 多公里，穿行于 820 亩林地之间，心甘情愿、风雨无阻。任职以来，责任区内未发生滥伐盗伐，乱挖野生植物，非法取土、开垦，乱捕滥猎野生动物等破坏森林资源现象。

不择其境，坚韧不拔。上任伊始，曾玉梅由于缺乏林木管护专业知识，加上对林地情况不熟悉，工作中走了不少弯路，对工作信心也造成了极大的打击。但她却凭着坚定执着的信念和勤奋好学的态度，深入群众家中，详细调查了解林情和社情，坚持每天巡林，跑遍了所负责林地的一角一落，对每个林班、每个小班的位置、面积、林木种类等都熟记于心，利用空暇时间，认真学习林业政策法规、护林基础知识和林业工作的基本规律，很快就成为了护林行业的“行家里手”。

坚定信念，尽职尽责。曾玉梅总说：“我能有现在的好生活，要感谢党、感谢政府，我要把这份工作干好，干出个样来，来报答党。”凭借着这份信念，她多次“得罪”了村民，“打扰”了百姓。有一次，村民将羊偷偷赶往林地放牧，啃食了部分林木幼苗，被正在巡护的曾玉梅发现，村民好说歹说要求私了，但她却毫不动摇地将羊群赶往村委会，做了严肃处理，并对该村民进行说服教育。每年的春节、灯节、清明节，农村都有上坟烧纸放炮的习俗，极易引发森林火灾。每逢节日的前几天她就挨家挨户，宣传林业防火常识、林业法规，一遍又一遍地“打扰”村民。防火紧要时期，她全天蹲守在重点部位，确保责任区内不发生火灾事件。

无怨无悔，无私奉献。为确保森林资源安全，她从宣传入手，通过张贴标语、树立标牌、发放公约、走家串户等多种形式，对村民进行林业政策和法律法规及森林病虫害防治知识宣传，通过耐心细致的工作，使广大村民逐步提高了爱林、护林和保护生态环境的意识，在该村中形成了保护森林资源、严禁破坏、护林防火、警钟长鸣的浓厚氛围，为护林工作的顺利开展奠定了坚实的群众基础。近几年，随着封山育林项目的实施，林草茂密，可燃物量大，火险等级高。每到森林防火期，她认真贯彻预防为主、积极消灭的森林防火方针，严格落实各项制度和防范措施，确保了辖区林木安全。她还协助县局稽查队、森林公安对责任区内的非法开采进行了打击，使责任区的林业资源得到了有效的保护。

最美生态护林员

谭周林

T A N
Z H O U
L I N

绿水青山的守护者

——广西壮族自治区龙胜各族自治县谭周林先进事迹

谭周林，汉族，现年46岁，是广西壮族自治区龙胜各族自治县三门镇大地村的生态护林员。谭周林家上有91岁的奶奶，下有刚满12岁的小女儿，全家5口人的生活负担重重地压在他的肩上。

2015年脱贫攻坚打响，谭周林被认定为建档立卡贫困户。乘着脱贫政策的春风，谭周林在当地党委政府的帮扶和自身的奋斗之下，于2016年光荣脱贫。脱贫后，他依然得到扶贫政策支持，在家乡当起了生态护林员。今年是他受聘担任护林员的第三年，是全县3000多名护林员中“资历”最老的一名，他每年仅因生态护林员政策就能稳定增收1万元左右。

自担任护林员工作以来，谭周林便把巡山护林作为自己的事业，誓与青山绿水为伴，全身心投入大地村护绿植绿和生态保护事业之中。他负责的林场森林片区共385亩，是全村管护亩数最大的片区。

大地村毗邻拥有“中国的花坪，世界的银杉”之称的花坪国家级自然保护区，这里保护动物和保护树木品种繁多，要兼顾森林防火检查和野生动物保护工作就得走遍山林，不能有半点松懈和麻痹大意。因此，谭周林每次去巡山都必须“全副武装”：背上刀篓、装上一把镰刀、肩挎水壶，和几个护林员一起，骑着摩托车进山林。有时山上没有路，就不得不随身带着镰刀自己“开路”，一次巡山下来，路上都得花掉三四个小时的时间。

有一次去巡山途中，谭周林碰巧看到一个村民提着油锯正往森林里

走，多年护林员的经验告诉他事情不妙，便赶紧冲上前去询问村民前往森林的目的。原来，这位村民准备到自家山林砍 2 棵树用于自家装修，认为砍伐的数量少，不用上报林业部门。谭周林便向他解释道，无论数量多少，砍伐树木都必须向林业部门申请林木采伐许可证。在谭周林的一番解释和劝阻后，村民表示幸好遇到了他，否则无意的违法将造成严重后果。

在那之后，谭周林便想，光靠生态护林员的队伍去巡山还不够，必须要提高村民的生态保护意识，家乡的生态才能得到真正的保护。于是，谭周林走到哪里都把环境保护知识挂在嘴边。他所在的村民小组共20多户，他把家家户户都走了个遍；每逢村上摆酒宴，他也不忘跟村民们聊生态保护。后来，有人想砍伐树木或是种植树苗都来找他询问，他成了村上的“政策通”。

2020年年初，一场突如其来的新冠肺炎疫情打破了不少人的团圆梦。作为生态护林员，谭周林毅然决然加入防疫队伍当中，每天24小时轮班值守在村口，为来往行人测量体温、对车辆进行登记，确保疫情有效控制。除了在检查点值守的工作外，谭周林还经常到市场巡视有无贩卖野生动物的行为，光来回在森林、检查点、市场三个工作点之间的时间就比平时多了一倍多。谭周林说，这点辛苦算不了什么，国家给予了我们这么多的扶贫政策，现在国家需要我们，我们一定不能忘恩，一定坚持到疫情彻底战胜才撤离。

现在，谭周林一边认真履行着生态护林员的职责，一边还利用自己的生态保护知识发展林下经济，种植了2亩钩藤和2亩茶腊，进一步提高了家庭收入。他说，每天在山里走，身体更结实了，即使以后不当生态护林员了，我也想走到70岁，一直守护这片“绿水青山”。